T0100546

La vida secreta de los insectos

La vida secreta de los insectos

José Carlos Otero

Primera edición en esta colección: octubre de 2018

Plataforma Editorial
c/ Muntaner, 269, entlo. 1ª – 08021 Barcelona
Tel.: (+34) 93 494 79 99 – Fax: (+34) 93 419 23 14
www.plataformaeditorial.com
info@plataformaeditorial.com

Depósito legal: B. 22.663-2018
ISBN: 978-84-17376-78-9
IBIC: PDZ

Printed in Spain – Impreso en España

Realización de portada:
Ariadna Oliver

Diseño de cubierta y fotocomposición:
Grafime

El papel que se ha utilizado para imprimir este libro proviene
de explotaciones forestales controladas, donde se respetan
los valores ecológicos, sociales y el desarrollo sostenible del bosque.

Impresión:
Liberdúplex
Sant Llorenç d'Hortons (Barcelona)

Índice

PARTE II. COMPARTIENDO RECURSOS

Prólogo

Es este un prólogo inmerecido, pues son tan menguados mis méritos para escribirlo como escasas las razones que el autor pudiera haber considerado para hacerme este encargo, con el que me honra. Es este un prólogo indebido por partidario, pues difícilmente seré imparcial con la obra de quien comparte conmigo la pasión por la zoología, la profesión y una antigua y sólida amistad puesta a prueba en la tenaz contienda que, para desasosiego de quienes honradamente transitan en busca del conocimiento, acostumbra a desarrollarse en los sombríos rincones del mundo académico. Sin embargo, es este un prólogo sincero, porque está escrito con la espontaneidad, la satisfacción y el agrado que surgen de la lectura de esta obra sobre la asombrosa realidad de los insectos.

Hay un tiempo para todo, una oportunidad inesperada, una etapa concreta, un momento preciso, que aseguran el éxito de cada obra que se empieza. El fracaso está en la extemporaneidad, en el anacronismo de la falta de preparación. En este libro se aúnan tiempo y oportunidad, erudición y talento. El tiempo biográfico que proporciona la sosegada maestría y el amplio conocimiento científico de una vida dedicada al estudio.

Apenas existen libros dedicados a la divulgación de la entomología escritos por autores españoles, y de ellos son muy pocos los redactados por científicos profesionales, principales impulsores del avance del conocimiento. Este es el caso.

Tenemos en nuestras manos un texto que refleja el rigor del experto, pero también una obra literaria que nos lleva de la mano por una insólita naturaleza repleta de sorpresas, emociones, hechos asombrosos, realidades inquietantes y fantásticos modelos de adaptación al medio. El narrador guatemalteco Augusto Monterroso escribió que «hay tres temas: el amor, la muerte y las moscas. Desde que el hombre existe, ese sentimiento, ese temor, esas presencias, lo han acompañado siempre». Nunca antes en un volumen de estas características se han entrelazado estos tres temas de una manera tan apropiada. Carlos Otero aborda los capítulos con tal amenidad en el discurso que incluso los datos sobre diversidad, antigüedad y filogenia de los insectos forman parte natural de la narración sin la acostumbrada aridez de la terminología científica o de las cifras.

Es una obra definitiva; quien busque conocer los aspectos más curiosos del mundo de los insectos sin cansarse en interminables búsquedas bibliográficas podrá concentrarse en su lectura, discurrir ordenadamente capítulo a capítulo y avanzar desde la importancia de los servicios que nos prestan los insectos hasta su relevancia en la cultura humana, pero también puede sobrevolar alternativamente sobre sus rituales amorosos, su papel en la renovación de los ecosistemas, el cambio climático o la salud de los ríos. No quedará defraudado.

A veces nostálgico, con anécdotas de una infancia que derrocha curiosidad por la naturaleza, otras íntimo, la mayoría de las veces divertido, y reflexivo y admonitorio cuando es necesario (el párrafo final es sobrecogedor), lo escrito es, sobre todo, la voz de la persona entusiasmada, entregada al estudio y generosa en la comunicación y la transmisión del saber, con el lenguaje claro, sencillo y preciso de un profesor versado en el estudio de la entomología, conocedor de los detalles que maravillan, que atraen, que estimulan a la curiosidad y al aprendizaje.

Estoy seguro de que esta obra cumple lo que pretende: difundir el amor por la entomología, reconocer el extraordinario valor de la biodiversidad y estimular el acercamiento al estudio científico de quien inicia su metamorfosis particular en este gigante insectario que es nuestro mundo.

FERNANDO COBO GRADÍN
Profesor de la Facultad de Biología de la Universidad de Santiago de Compostela, director de la Estación de Hidrobiología «Encoro do Con» y presidente de la Asociación Galega de Investigadores da Auga (AGAIA)

PARTE I
Compartiendo el planeta

1.
¿Un mundo sin insectos?

> «Imagínate un zoológico donde los animales están fuera y los humanos enjaulados [...]. Miras por la valla y ves a todas las criaturas con los ojos fijos en ti. Ellos son libres, pero tú no.»
>
> PAUL THEROUX, *La costa de los mosquitos*

Querido lector: estarás de acuerdo conmigo en que la especie humana es excepcional, única por definición, lo cual no sirve de gran cosa. En el mundo animal no somos más que una especie entre muchos millones, lo que quiere decir que estamos sujetos a las mismas reglas evolutivas que el resto de especies que existen o han existido. Sin embargo, y a diferencia de esos otros especímenes, algunas veces sentimos y nos manifestamos como seres prepotentes, como si fuéramos lo más importante sobre la faz de la Tierra. Nos vemos en la cúspide de la batalla evolutiva y jugamos a ser dioses decidiendo quién debe sobrevivir y quién debe desaparecer o qué hacer con una u otra especie basándonos en criterios estéticos, culturales, económicos o, simplemente, caprichosos.

Algunas veces, incluso, en nuestra soberbia, prepotencia y arrogancia llegamos a creer que lo sabemos todo. Aunque esto último sea parcialmente cierto, ya que en Internet podemos encontrar respuesta a muchas preguntas, desde las científicas a las más absurdas y peregrinas. Sin embargo, probemos a buscar:

¿Cuántas especies de organismos hay en la Tierra?
El número total de especies podría estar entre cinco y cincuenta millones, dependiendo de las distintas estimaciones. Es decir, no lo sabemos, ni siquiera al orden más cercano de magnitud.

A este propósito, Wilson,[1] extraordinario mirmecólogo (es decir, que estudia las hormigas) y uno de los precursores del concepto de biodiversidad, escribe: «En este momento hay más hormigas en la Tierra que estrellas en la Vía Láctea», pero también afirma que: «Una de cada cinco especies en la Tierra es un escarabajo» y que «Por cada uno de nosotros hay doscientos millones de insectos», y que «Se han descrito más de un millón de especies de insectos y tan solo cuatro mil quinientas especies de mamíferos».

Y es que los insectos, como acabamos de comprobar, son mucho más importantes (y numerosos) de lo que parece. Y, sin embargo, en Internet tampoco encontraremos una respuesta concreta a alguna de estas cuestiones sobre ellos:

- **¿Qué pasaría si un día desaparecieran todos los insectos?**
- **¿Sería algo bueno o malo?**
- **¿En qué nos afectaría como humanidad?**

Aunque a esta lista tal vez debería añadir la pregunta que más veces me han formulado como entomólogo:

– ¿Por qué no desaparecerán todas las moscas y mosquitos de una vez?

Sí, es una pregunta frecuente que los entomólogos debemos escuchar a menudo, sobre todo en alguna bochornosa tarde o noche de verano, con independencia del lugar en el que nos encontremos, y es que esos días parece existir una confabulación general bajo la que todas las moscas y los mosquitos se ponen de acuerdo en atacarnos.

Si bien, a decir verdad, la ocasión en que vi una mayor concentración de mosquitos ocurrió hace unos pocos años, durante una breve estancia con colegas de mi universidad en un país centroamericano. Nos vestíamos con ropa que no dejase un centímetro de piel al descubierto, nos aprovisionábamos de todas las cremas posibles y, aun así, no podíamos descansar un solo minuto por la comezón, las picaduras y el zumbido, que afectaba a unos más que a otros y que nos llegaba atenuado entre los aspavientos y manotazos al aire de unos y los aplausos en que inesperadamente parecían prorrumpir otros colegas, y es que una buena parte de mis compañeros, sobre todo los más sensibles, trataban de matar a los mosquitos que ya estaban en su piel a base de puro palmetazo.

Como era el único entomólogo del grupo, la pregunta inevitable se volvió más recurrente que nunca: «¿Por qué no desaparecerán todos los mosquitos de este planeta?».

Y mi respuesta, no muy convencida y a todas luces insuficiente para ellos, era siempre la misma: «Los mosquitos son importantes para el equilibrio de los ecosistemas, todas las especies sirven para algo…».

Ante sus gestos de duda e incredulidad finalmente opté por resumirles algunos de los aspectos que, si tienes un poco de paciencia, te mostraré en los siguientes capítulos. Mi propuesta es que imaginemos el siguiente escenario:

Un día cualquiera encendemos la televisión o buscamos las noticias en Internet o en la prensa y grandes titulares nos dicen que de repente, sin saber cómo ni por qué, los insectos del mundo han desaparecido.

Algunas personas se sentirían aliviadas y contentas («¡No tendremos que preocuparnos más de plagas y graves enfermedades!»); los responsables y accionistas mayoritarios de las grandes empresas farmacéuticas o químicas se sentirían tan alarmados ante la segura quiebra que convocarían al consejo de dirección y a sus equipos científicos para analizar la situación y las medidas que deberían adoptar; los diseñadores de alta costura dejarían de proponer modelos elaborados con telas de seda natural y otros tan solo pensarían: «¿Y a mí qué me importa?».

Pero alguien, en algún lugar, se quedaría sin aliento: «¡Ha desaparecido más de la mitad de la vida en la Tierra!».[2]

La pregunta, en este punto, es: **¿cómo sería el mundo sin insectos?**

La respuesta no es fácil, probablemente a largo plazo, y a falta de insectos, algún otro grupo de seres vivos terminaría por tomar su lugar en la naturaleza pasados algunos centenares de miles de años. Pero, a efectos más inmediatos, para saber qué pasaría con el ser humano si los insectos desaparecieran, precisamos saber **qué aportan los insectos a la situación actual de la vida en el planeta.**

Previsiblemente, a las pocas semanas de su desaparición veríamos las primeras consecuencias: millones y millones de animales insectívoros morirían de hambre y los lagos y ríos se llenarían de peces muertos, ya que muchos se alimentan de larvas acuáticas o de miles de especies de insectos, como los mosquitos o las libélulas. También una cantidad incalculable de aves, lagartijas, anfibios y murciélagos, entre otros seres, yacerían muertos por inanición. A su vez, los depredadores de estos animales también morirían por falta de presas. Además, las colmenas estarían vacías y, en consecuencia, no habría signo alguno de polinización en nuestros campos.

Al cabo de unos meses, las selvas y los bosques se irían llenando poco a poco de una gran cantidad de hojas muertas, ya que los recicladores de materia se habrían desvanecido. Las praderas, y muchos otros sitios, estarían llenos de excrementos y cadáveres que se degradarían muy lentamente.

En resumen, la vida en la Tierra sería más simple, pero posiblemente mucho menos favorable a los vertebrados terrestres y al hombre, que quizá ni habría podido sobrevivir.

La idea de perder a los insectos de un día para otro puede parecer descabellada o de ciencia ficción, y no pretendo crear alarma, pero, sin embargo, la realidad es que no estamos muy alejados de ella. Actualmente están desapareciendo de nuestro planeta tres especies cada hora, tres especies que nunca más volveremos a contemplar vivas.

Que una sola especie se extinga, ya sea un insecto o cualquier otro animal, es una verdadera tragedia, ya que no solo desaparece la especie en cuestión, también se están perdiendo los hilos del delicado, complejo e invisible entramado de la vida. Al desaparecer una especie, esta no se va sola, también otras que dependen de ella, como parásitos, depredadores, polinizadores, etcétera, y hoy en día esta tasa nos da un total aproximado de veinte mil especies extinguidas por año, en su mayoría insectos, una tasa que resulta alarmante, ya que es mil veces superior a la de tiempos geológicos recientes, en los que, de forma natural, se extinguían dos especies cada cinco años.

–De acuerdo, Carlos, pero ¡solo proponemos que desaparezcan los mosquitos!

Bien, pues centrémonos solo en la hipotética extinción de los mosquitos y analicemos unos cuantos datos que acabo de encontrar en Internet: cada año los mosquitos matan con su picadura a setecientos veinticinco mil humanos. La enfermedad más común transmitida es la malaria, con más de doscientos millones de infecciones, de las que provocan la muerte a cuatrocientas cincuenta mil; contagian de dengue a unos sesenta millones de personas, de las que mueren veinte mil, la mayoría niños; miles de bebés han nacido en los últimos años con microcefalia a causa del zika, transmitido por el mismo mosquito, que también mata a cuarenta y cuatro mil por fiebre amarilla... Por lo tanto, nos haríamos un favor si acabásemos con ese grupo de especies.[3] Estos datos son incuestionables y, por ello, los humanos hemos declarado la guerra a estos minúsculos seres. La agresión a nuestra especie es tan severa que estamos barajando exterminarlos... Pero permíteme que siga argumentando **a favor** de su conservación.

Es cierto que cada año llevamos a la extinción a alguna especie sin pretenderlo o desarrollamos tecnologías para la extinción deliberada de alguna especie para protegernos. Solo en el siglo XX, el virus de la viruela mató a más de trescientos millones de personas, y ahí no quisimos tolerar más.

A golpe de vacunas, el virus fue acorralado y desde 1980 sobrevive congelado en un par de laboratorios de Rusia y Estados Unidos. Un final conveniente, pero difícil de replicar con los mosquitos porque, os lo aseguro, luchar contra estos últimos es una batalla perdida.

Aceptemos entonces nuestra derrota total y planteémonos una parcial: si no podemos aniquilar a todos los mosquitos, ¿podríamos tratar de acabar al menos con el centenar de especies que transmiten enfermedades con su picadura?

Como respuesta, no está de más recordar que en momentos concretos de la historia hemos diezmado hasta la agonía determinadas poblaciones de estos animales. En 1949 Estados Unidos fumigó su territorio con DDT para acabar con el mosquito *Anopheles* hasta que todo su territorio se declaró libre de malaria; en España secamos los humedales del sur en la década de 1950 para frenar esta misma enfermedad y, aunque otras especies que vivían en ese hábitat se extinguieron, el paludismo dejó de ser un azote.

Como contrapartida de la naturaleza, algunos otros mosquitos tienen un diseño perfecto para conquistar el actual mundo globalizado. El mosquito tigre (*Aedes albopictus*), por ejemplo, tardó menos de cien años en expandirse por medio mundo. Ha pasado de vivir exclusivamente en los troncos de los árboles de la selva húmeda del sudeste asiático a instalarse hoy en día en nuestros jardines, incluidos los españoles, adaptándose y anidando en climas muy distintos al de su tierra natal.

La clave está en la resistencia de sus huevos. No los había puesto a prueba hasta que inició su viaje a territorios lejanos a bordo de neumáticos usados en algún contenedor de carga. Ricos en grasas y proteínas, aguantan el invierno hasta que llegan las suaves temperaturas. Hoy son las especies invasoras más peligrosas del mundo,[4] como lo demuestra la transmisión del virus del Zika.

Veámoslo con detenimiento: a mediados de 2015 se detectó en el noroeste de Brasil un número extraordinario de casos de recién nacidos con microcefalia. El responsable era un virus: el zika, una enfermedad que se conoce desde la década de 1950 en su lugar de origen, en el África tropical (su nombre deriva del bosque de Zika, en Uganda). Su aparición en Brasil, y sobre todo la gravedad de sus efectos, puso en alerta a la comunidad médica del mundo. El virus del Zika, igual que otro virus de reciente aparición, el de chikunguña, se transmite por la picadura de los mosquitos tigre y, naturalmente, traen de cabeza al sistema sanitario de los países sudamericanos. Con el surgimiento de estas epidemias se ha vuelto a discutir la idea propuesta en 2003 por Olivia Judson:[5] «La idea básica es simple: el especicidio, la extinción deliberada de una especie completa». Judson apelaba a las herramientas de la ingeniería genética para crear un «gen de extinción», un fragmento de ADN que pudiera ser autodestructivo en los individuos que lo portaran y que se podría insertar en las poblaciones naturales para causar la desaparición de al menos algunas especies del complejo *Anopheles*.

En 2016, con la presión de la crisis del virus del Zika en Sudamérica, y con los avances de las técnicas genéticas, la idea de llevar a cabo una campaña de extinción dirigida a esta especie de mosquito ha cobrado relevancia y viabilidad. Desde hace años, la empresa de biotecnología Oxitec viene desarrollando un tipo de mosquito transgénico que es capaz de fecundar a las hembras, pero cuyos descendientes mueren antes de llegar a la fase adulta.[6]

La pregunta clave es: ¿se debería usar esta tecnología para extinguir los mosquitos que son vectores de enfermedades graves? Los críticos a esta drástica medida argumentan que la extinción definitiva de la especie no es necesaria para controlar la dispersión de una enfermedad. Además, se plantea la pregunta ética de si es adecuado el llevar a una especie a la extinción, con conciencia de estar haciéndolo, aunque esta sea un molesto y potencialmente peligroso mosquito. ¿Sería igual de justificado llevar a la extinción a los escorpiones, cocodrilos, tigres u otras especies que provocan un elevado número de muertes humanas cada año?

Hasta ahora la extinción dirigida se ha propuesto solamente para atacar a especies causantes o transmisoras de enfermedades, es decir, animales que no generan simpatía alguna y que difícilmente inspirarían una campaña de conservación para oponerse a su desaparición. Sin embargo, la erradicación de cualquier especie está cargada de efectos secundarios, pues si desaparece una pieza de un ecosistema, este se desequilibra.

Volviendo a los mosquitos, además de molestarnos y de transmitir enfermedades, ¿para qué sirven?

Los mosquitos son ingeridos por muchos animales, desde otros insectos a reptiles, peces y aves. Si los aniquilásemos por completo, todos esos animales se quedarían sin su presa, sin contar con que los mosquitos también hacen de polinizadores para muchas plantas, que se quedarían sin los encargados de facilitarles su reproducción.

Es obvio que un mundo sin los transmisores de la malaria y el dengue sería mucho más seguro para nosotros, los humanos, e incluso algunos ecologistas sostienen que, si bien los ecosistemas sentirían su falta, estos se adaptarían, como lo hicieron ante otras especies extinguidas por el hombre, pero también serían muchos los ecosistemas, y muchas las especies, que sufrirían su desaparición. Sin ir más lejos, las aves migratorias, cuya alimentación depende casi por completo de los mosquitos, podrían descender a más del cincuenta por ciento si estos no existiesen.

También hay un pez, el pez mosquito (*Gambusia affinis*), especializado en cazar mosquitos, y es tan bueno que suelen tenerlo en estanques y campos de arroz para controlarlos. Si desapareciesen los mosquitos, estos peces también se extinguirían. En resumen, la cadena alimentaria se vería afectada en numerosos ecosistemas, con consecuencias que son imposibles de prever.

Obviamente, los ecosistemas se adaptan al daño, pero esa adaptación irá en función de que ese ecosistema quede equilibrado, no en función de que nosotros, los humanos, quedemos satisfechos. En ocasiones, el ecosistema se colapsa por el cambio brusco de relaciones entre especies, pero la mayoría de las veces se acomoda a su nueva situación pasado un tiempo. De hecho, la mayoría de los ecólogos asegura que en un lapso relativamente breve el mosquito dejaría de echarse de menos y su función sería sustituida por otros insectos.

Pero no todo iba a ser tan sencillo. La sangre humana es un alimento demasiado nutritivo, y si desapareciesen los mosquitos que se alimentan de ella, otro artrópodo ocuparía su lugar. Las garrapatas, las pulgas, los piojos, la vinchuca (que transmite el mal de Chagas) o las polillas vampiro (lepidóptero, *Noctuidae*) son bebedores de sangre que ocuparían el trono del mosquito, o incluso podríamos llevarnos una sorpresa y algún otro animal «indeseable» abandonaría el anonimato y empezaría a alimentarse con fruición de nuestro líquido vital.

No está de más recordar que aún están sin descubrir más de la mitad de los artrópodos del planeta, y la batalla es una lucha de igual a igual. Ellos son plaga, y nosotros también, vamos camino de alcanzar los ocho mil millones de seres humanos, y queremos ser más. Somos una especie ambiciosa y no aceptaremos una derrota: o los mosquitos o nosotros. No hay espacio para ambos.

En resumen, en un mundo como el nuestro, sin insectos, sin artrópodos, no sería posible la vida tal como la conocemos. La fina trama alimenticia está sustentada en gran parte por estos invertebrados. El paisaje también sería otro: los sonidos, los olores, los colores y las formas de la naturaleza cambiarían.

Los insectos no son solo «bichos», son animales que están en la Tierra desde hace más de trescientos cincuenta millones de años y han logrado sobrevivir a los cambios de clima y a las causas que han provocado las extinciones en masa; se han adaptado a casi todos los ambientes, terrestres, semiacuáticos y acuáticos; han desarrollado diversas estrategias de defensa y de movimiento; tienen hábitos alimenticios y reproductores extremadamente exitosos; sus delicados órganos de los sentidos les permiten buscar el alimento, ver al enemigo, encontrar a la pareja para aparearse, vivir en colonias o reconocer su nido.

Me pregunto, y te pregunto, si valdría la pena que nos acercáramos y nos detuviéramos a mirar con cuidado a estos individuos, a los que están frente a nuestra vista o bajo el microscopio. Quizá resultaría interesante tener en nuestras estanterías manuales sobre la vida de los insectos junto a los libros de historia, de arte o el último *best seller*. También podríamos reconsiderar nuestra actitud sobre la manera de ver y establecer relaciones con ellos y, cómo no, con los demás seres vivos con los que compartimos el planeta. Porque no solamente están en el exterior de nuestras vidas, también nos acompañan en los ámbitos íntimos del arte, de la filosofía, de las creencias, en los nombres de las cosas y de los lugares que tienen significados para nosotros.

¿Qué harían los poetas sin insectos?

¿Qué habría escrito Pablo Neruda en *Veinte poemas de amor y una canción desesperada*?

> Me gustas cuando callas y estás como distante.
> Y estás como quejándote, mariposa en arrullo.

Quizá tampoco Franz Kafka habría escrito *La metamorfosis*. ¿Y qué pasaría en la música o en la pintura, habrían sido posibles, por ejemplo, las pinturas rupestres de las cuevas de la Araña, en España? ¿Giacomo Puccini habría podido componer *Madama Butterfly*? ¿Vladimir Kush habría podido pintar *El barco de las mariposas*? ¿Qué harían los maestros sin poder echar mano de las metáforas, las fábulas y los ejemplos de pulgas, abejas, hormigas y escorpiones?

¿**Sabías que** sin los insectos el mundo sería una especie de estercolero?

2. Una historia de más de 350 millones de años

«Tú creces, todos crecemos,
estamos hechos para crecer.
Tú o evolucionas o desapareces.»

TUPAC SHAKUR

Vivimos en la era de los insectos, y no es una afirmación gratuita. Los números hablan por sí mismos. Los insectos actuales representan el 55 % de la biodiversidad actual conocida y el 85 % de la biodiversidad animal y posiblemente los insectos actuales deben comprender entre tres y treinta millones de especies, de las cuales solo se han descrito un millón. Esta sorprendente realidad, difícil de asimilar por nuestra concepción antropocéntrica del mundo, nos lleva necesariamente a plantear otras cuestiones: ¿cómo?, ¿dónde?, ¿cuándo? o, mejor aún, ¿qué claves han llevado a tan elevado desarrollo biológico? ¿A qué se debe esta extraordinaria capacidad de adaptación –y, por lo tanto, de éxito– al medio terrestre?

Te propongo en este capítulo que me acompañes en un breve paseo por la historia de estos fascinantes seres y así precisaremos algunos de los hitos que han determinado su asombroso éxito.

Los insectos aparecen hace más de trescientos cincuenta millones de años, casi al mismo tiempo que las plantas terrestres. Su historia está marcada por tres explosiones o períodos clave de la historia evolutiva: la invención del «ala y del vuelo» en el Carbonífero inferior, la invención del «estadio ninfal» (etapas inmaduras que, a diferencia de las larvas, se asemejan a la fase adulta) en el Pérmico-Triásico, y la puesta a punto de la «polinización» y el advenimiento de los insectos sociales en el Cretácico.[7]

Pero comencemos por el principio:

Hace cuatrocientos cincuenta millones de años (período ordovícico-silúrico) las primeras formas de vida ganaron la tierra firme y los primeros musgos y helechos empezaban a colonizar la Tierra y emitían mucho O_2. De esta manera se formó la primera capa de ozono y aparecieron los primeros animales terrestres. Los escorpiones, que debían medir un metro de largo, tenían un aguijón del tamaño de una bombilla lo suficientemente tóxico para matar a todo lo que se les acercara. Además, había ciempiés, arañas y algunos insectos primitivos.[8]

«Poco» después, en el Devónico (380 a 410 millones de años), seguiríamos viendo un mundo muy distinto al actual. Solo había dos masas de tierra importantes: Laurasia y Gondwana. Los fósiles nos indican que los mares bullían de vida y en el medio terrestre las plantas evolucionaron y surgieron los licopodios, los equisetos y los helechos, que se extendieron por los pantanos y las orillas de los lagos hasta formar los primeros bosques terrestres. En esta alfombra verde había ciempiés y milpiés, saltarines primitivos (colémbolos) y escorpiones (*Palaeophonus*) que clavaban su aguijón en sus presas y las despedazaban con sus pinzas. Sin embargo, hay que esperar unos cuantos millones de años, al principio del Carbonífero (360 millones de años), para que aparezca una fauna de insectos rica y variada.

De este período data la «invención del ala» y, como consecuencia, el vuelo. Al ser los insectos los primeros animales que conquistaron el aire, eso les proporcionó una ventaja considerable, pues la facultad de volar les permitió escapar de los depredadores terrestres y colonizar nuevos medios. Desde un punto de vista tanto morfológico como paleontológico, la aparición de los insectos alados sigue envuelta en el misterio. El origen de las alas es una de las preguntas que, desde hace mucho tiempo, trae «de calle» a los biólogos, y es que parecen surgidas de la nada, al contrario de lo que sucede con las de los murciélagos y las aves.

Su origen permanece invisible al ojo clínico, ¿o quizá no?

Si las cucarachas no fuesen mudas, podrían relatarnos, como testigos directos, una gran parte de la historia de nuestro planeta. Es asombroso que, en los casi cuatrocientos millones de años transcurridos desde su aparición, no hayan necesitado cambiar de aspecto. Son verdaderos fósiles vivientes y, sin duda, vivían de forma muy parecida a como lo hacen sus descendientes, salvo que el hombre y sus cocinas permanecían aún a varios centenares de millones de años de distancia en el futuro. A falta de sus crónicas, sabemos que los insectos alados más antiguos tienen aspecto de libélulas: con dos pares de alas iguales extendidas horizontalmente en reposo y que no se pliegan sobre el abdomen. Su máximo desarrollo correspondió al Carbonífero superior, cuando alcanzaron en algunos casos un tamaño similar al de una gaviota actual.[9]

En el Carbonífero había también moscas enormes, escorpiones y arañas descomunales. Estos grupos tenían un aspecto similar al actual, aunque sus representantes no eran tan diminutos ni tan pacíficos. Y había, además, una colección de insectos gigantescos que no volaban y una criatura de un metro y medio semejante a un miriápodo, la *Arthropleura*, que se parecía a un neumático abierto y aplastado. Aunque quizás el insecto más asombroso de todos fuera la libélula gigante (*Meganeuropsis permiana*) y sus parientes, cuyas alas tenían una envergadura de setenta y cinco centímetros. Fueron los insectos voladores más grandes que ha habido nunca. Estas grandes especies proliferaron hace unos trescientos millones de años, cuando buena parte del terreno era frondoso y tropical y había un estallido de plantas vasculares. El crecimiento desmesurado de los bosques se debía a las altas temperaturas y a la humedad que caracterizaron dicho período. A su vez, los bosques inyectaron una gran cantidad de O_2 (más del 30 %, comparado con el 21 % actual) en la atmósfera, lo que convertía las tormentas eléctricas en amenazas aún mayores, ya que los incendios debían ser habituales. El que los insectos poseyeran estas dimensiones no era casual: el alto nivel de O_2 en la atmósfera les facilitaba alcanzar esos tamaños.

Estas especies gigantescas desaparecieron a mediados del Pérmico tardío, unos cincuenta millones de años más tarde. Este fenómeno coincide con la evolución de los pájaros. Con las aves dispuestas a no pasar el día sin probar bocado, la necesidad de maniobrar fue importante para los insectos, lo que favoreció cuerpos más pequeños.[10]

La diversificación de las líneas modernas de insectos alados se relaciona con una segunda «explosión evolutiva»: la de la crisálida. Los insectos con metamorfosis completa han resultado aventajados en el curso de la evolución. Capaces de sobrevivir sin alimentarse durante los períodos poco favorables (en el seno de la crisálida), pueden también explotar una mayor diversidad de recursos en su desarrollo. Hoy en día representan el noventa por ciento de la diversidad actual de los insectos.

A principios del período siguiente, en el Triásico (hace entre 245 y 205 millones de años), todos los antiguos insectos desaparecieron, excepto las libélulas y las efímeras. Este período ve la aparición de los dinosaurios y de los primeros mamíferos y prosigue la diversificación de los insectos con metamorfosis completa.

Un miembro de la familia *Aeschnidiidae* patrulla por la superficie del río. Este pariente próximo de las libélulas actuales es uno de los últimos representantes de su grupo, típico del Jurásico. Sus antepasados aparecieron en los bosques de coníferas y por ello se adornaron de alas rayadas, lo que les permitía pasar inadvertidos en el sotobosque. Sin embargo, acabaron por perder esta ventaja: unos nuevos vegetales con flores habían invadido la Tierra y con ellos aparecieron millones de nuevas especies de insectos, volando de flor en flor, organizándose en sociedades... Nuestro *Aeschnidiidae* hace una pausa en la hoja de una encina, pero no repara en el cuerpo en forma de ramita de uno de los nuevos insectos. Voraz, la mantis religiosa proyecta sus poderosas patas anteriores sobre su presa antes de empezar a degustarla.

El desarrollo de ecosistemas comparables a los actuales había desencadenado la tercera «explosión evolutiva» (entre 135 y 96 millones de años). Las plantas o árboles con flores toman el relevo de las gimnospermas. Desde entonces, las angiospermas no han cedido en su predominio. Tanto es así que hoy conocemos más de doscientas setenta y cinco mil especies de angiospermas frente a menos de mil especies de gimnospermas. Tal éxito obedeció a una nueva estrategia de polinización: mientras que la polinización de las gimnospermas se produce gracias al viento, la de las angiospermas depende a menudo de los animales.

¿Se debe a la explosión de las angiospermas la espectacular proliferación de especies de insectos en el Cretácico? ¿Ocurrió el proceso en sentido contrario? Un fenómeno es cierto: las nuevas líneas de insectos y las plantas con flores coevolucionan. Esa coevolución ha contribuido a la diversidad de plantas con flores, y tanto es así que la mayoría de las flores son como son debido a la presión selectiva ejercida por los insectos polinizadores. En otras palabras: la forma, el color, el olor y el néctar de las flores serían muy diferentes (e incluso no existirían) de no cumplir un papel fundamental como señuelo, atractivo o recompensa para los insectos polinizadores.

A partir del Cretácico superior (entre 100 y 65 millones de años) y en el Cenozoico (entre 65 y 11 millones de años) casi todos los insectos pertenecían a las familias actuales. Empezaron a propagarse muchos grupos de los insectos modernos, como las hormigas y las mariposas más antiguas, y áfidos, avispas, termitas, saltamontes y abejas, que desempeñaron un papel importante en la evolución y la ecología de las angiospermas. Sin embargo, hay que esperar hasta el final del Mioceno (entre 23,5 y 5,3 millones de años) y el Plioceno (entre 5,3 y 1,6 millones de años) para que todos los insectos sean los que ahora nos rodean.

Los insectos, en definitiva, aparecieron unos trescientos cincuenta mil millones de años antes que nosotros. Es decir, a escala geológica (única medida temporal del planeta), nuestra especie es esencialmente nada. Los insectos nos han invitado a su casa, nos han invitado a compartir una gran cantidad de servicios ambientales que ellos generan y, a pesar de ello, desde la noche de los tiempos sostenemos una guerra declarada al insecto, con estrategias claras de aniquilación o, en el mejor de los casos, de mantenerlos a raya.

¿**Sabías que** hay más diferencia evolutiva entre dos especies de escarabajos que entre un ornitorrinco y un elefante?

3.
¿Están los insectos en peligro de extinción?

«Solo hay una guerra que puede permitirse el ser humano: la guerra contra su extinción.»

ISAAC ASIMOV

¿Es posible que la historia de los insectos, de más de trescientos cincuenta millones de años, esté seriamente amenazada por la acción humana?

Los entomólogos comprobamos que el número de especies de insectos disminuye año tras año en todos los continentes. Muchos colegas, y yo mismo, damos fe de haber vuelto, al cabo de unos años, a localidades en las que se había hallado una nueva especie para descubrir que el hábitat había desaparecido y, en consecuencia, la especie también.

Para el común de las personas, para quienes no son especialistas, lo más habitual, debido a nuestros procesos de aprendizaje y a la educación que recibimos, es dar mayor importancia a aquellos animales de mayor tamaño en detrimento de los más pequeños. ¿Por qué hemos de preocuparnos del ciervo volante (*Lucanus cervus*) o de la mariposa isabelina (*Graellsia isabelae*), a quienes muchas personas no conocen? Y aunque hayamos oído algo sobre estos insectos, seguramente pensaríamos algo así como: «¿Y qué más da? ¿Para qué sirve este bicho?».

Estas preguntas, y otras similares, se repiten con demasiada frecuencia. Tal vez para contestarlas deberíamos responder previamente a otras: ¿cuál es el papel de la especie humana en la biosfera? ¿Qué cambios se están produciendo a escala planetaria y cuál es su importancia? ¿Qué trascendencia puede tener la crisis de biodiversidad representada por la pérdida anual de miles de especies?

Somos, posiblemente, una casualidad en la historia, pero es indudable que el *Homo sapiens* es en la actualidad la especie dominante sobre la Tierra, una especie que surgió en el momento de mayor diversidad biológica que esta ha conocido.

Pero no aparecimos aquí como quien llega del espacio exterior ni fuimos colocados en medio de esta extraordinaria biodiversidad con el derecho o la libertad de hacer con ella lo que nos pareciese mejor. Al igual que todas las especies con las que compartimos este planeta, somos el resultado de multitud de sucesos casuales que se remontan hasta la increíble explosión de formas de vida que se produjo hace unos quinientos millones de años. Dotados de razón y conocimiento, avanzamos al siglo XXI en un mundo que es obra nuestra, un mundo artificial en el que la tecnología proporciona (por lo menos a algunos) comodidad material y el ocio permite una creatividad artística sin precedentes. Hasta la fecha, por desgracia, la razón y el conocimiento no nos han impedido explotar colectivamente los recursos de la Tierra en proporciones incomparables.[11]

Gracias al funcionamiento de los ecosistemas, los humanos disfrutamos de unos servicios que nos resultan imprescindibles: la regulación del clima, el equilibrio de gases en la atmósfera, el reciclado de agua dulce, la fertilización de los suelos, la purificación de los residuos, el reciclado de los nutrientes, la polinización de los cultivos, la producción de alimento, la protección contra inundaciones y otros desastres naturales, etcétera, son toda una serie de servicios gratuitos que hacen que el planeta sea habitable para nuestra especie.

Así como muchos de nosotros no sabemos cómo funcionan la mayoría de nuestros electrodomésticos y solo tenemos una vaga idea acerca de la procedencia de nuestros alimentos y medicamentos, es más difícil de comprender el significado para nuestra existencia de especies y ecosistemas que parecen simplemente estar ahí sin proporcionar ningún producto comestible, combustible o terapéutico. Si nos preguntaran cuántas especies utilizamos, de forma rutinaria, los seres humanos, la mayoría de nosotros contestaría que uno o dos centenares, todo lo más.

La respuesta correcta, sin embargo, es que **globalmente dependemos cada día de unas cuarenta mil especies de plantas, animales y microbios**. Y solo incluyo aquí el número de especies que explotamos de forma deliberada.

Por lo tanto, satisfacer las crecientes necesidades de miles de millones de personas requiere llevar a cabo actividades que afectan o modifican el entorno de forma desmesurada con relación a como lo hacen otras especies. Los cambios en los usos del suelo son probablemente tan antiguos como la humanidad, al menos desde que nuestros antepasados descubrieron las utilidades del fuego. Gran parte de las superficies naturales del planeta han sido modificadas para la agricultura, la creación de pastizales, la urbanización, la deforestación, los medios de transporte, etcétera, aunque la presión más fuerte se ha ejercido hasta ahora sobre las islas, los lagos y otros ambientes aislados. Sin embargo, por graves que sean los episodios locales de destrucción, resultan insignificantes en comparación con la hecatombe de especies producida por la tala e incendio de las pluvisilvas tropicales, y la razón es que los bosques, que cubren solo el siete por ciento de la superficie terrestre, son un caladero de innovaciones evolutivas y albergan la mitad de las especies del planeta.[12]

A este respecto quizá las preguntas pertinentes sean: **¿se están talando los bosques tropicales a la velocidad que sostienen algunos autores?** Y si la respuesta es afirmativa, **¿qué impacto producen las talas en las especies que viven allí?**

Gracias a las imágenes de la superficie de la Tierra que son captadas por satélite, la respuesta vence toda duda razonable. Dos informes independientes, uno del World Resources Institute[13] y otro de la FAO,[14] publicaron cifras del orden de doscientos mil kilómetros cuadrados de bosque perdidos cada año. A este ritmo de destrucción, los bosques tropicales quedarían reducidos al diez por ciento de su extensión hacia el año 2050. Una reducción de esta magnitud es funesta para la supervivencia de las especies de estos bosques.

Otras estimaciones predicen que se extinguirán la mitad de las especies, unas inmediatamente y otras en el curso de varias décadas, incluso de varios siglos. Si los ecólogos aceptan mayoritariamente este proceso de extinción, **¿por qué varían tanto entre sí las estimaciones sobre las especies que se extinguirán durante el presente siglo?** ¿Por qué algunos afirman que se perderán diecisiete mil especies mientras que otros dicen que serán cien mil?

Los motivos son varios y entre ellos se cuenta la incertidumbre existente sobre las especies que viven en el mundo. Sin embargo, aunque nos quedemos con una cantidad de la franja baja, por ejemplo, veinte mil especies al año, las consecuencias siguen siendo dramáticas. A razón de esas veinte mil especies al año, el efecto podría compararse con cualquiera de las cinco grandes extinciones biológicas de la historia del planeta y, a diferencia de ellas, la causa es debida al *Homo sapiens*.

Los humanos nos comportamos como un elefante en una cacharrería. Tanto es así que puede considerarse una constante el que, en cuanto la especie humana llega a un lugar hasta ese momento inexplorado, en poco tiempo este acaba perdiendo gran parte de la fauna cazable. Es el caso de las grandes islas del Mediterráneo, que fueron pobladas por los humanos hace entre cuatro mil y diez mil años. Al poco, desaparecieron de ellas las peculiares especies que albergaban (elefantes e hipopótamos enanos en Chipre, musarañas y lirones en las Baleares, etcétera).[15]

Es decir: la especie humana ha ido transformando el «escenario» y los «actores» (la composición de las comunidades naturales).

En otras palabras: **hemos tenido un efecto devastador sobre la diversidad de las especies y la tasa de extinciones inducidas por el hombre se está acelerando**. Somos, como ha dicho Wilson,[16] «una anormalidad ambiental».

Lo preocupante es que las anormalidades desaparecen y, por lo tanto, deberíamos preocuparnos por cómo evitar este final.

Hay quien dice que no es para tanto...

En diferentes ámbitos hay numerosas críticas a los científicos cuyos fuertes son el conocimiento y la dinámica de la biodiversidad. Algunos arguyen que, como los ecólogos no pueden afirmar con exactitud cuántas especies están en peligro, es prematuro alarmarse por el presunto colapso inminente de la biodiversidad.

Tal vez sea posible, sin embargo, que a causa del dramático mensaje este no se quiera oír o que, si se oye, no se quiera creer. Pronosticar males es siempre motivo de que lo etiqueten a uno de catastrofista, y una extinción en masa causada por el hombre es, ciertamente, una idea sobrecogedora, y es que si admitimos que las especies se pueden extinguir con la facilidad con la que está ocurriendo, puede que el dominio del *Homo sapiens* sea menos seguro de lo que nos gustaría creer. Paul Ehrlich,[17] a este propósito, escribe en un artículo de la revista *Science*: «Por lo visto, a ciertos científicos no se les permite avisar a los bomberos mientras no den información exacta sobre la temperatura de las llamas en cada punto del incendio».

¿Cómo sabemos que estamos asistiendo a una extinción en masa importante? ¿Sabemos cuántas especies hay en la Tierra?

En este sentido, el eslabón, la pieza clave en lo relativo a la extinción, es el hábitat, un concepto importante como ingrediente esencial en la pérdida de especies y que, de manera harto evidente, es el trasfondo de la existencia misma de estas.

La actual destrucción de los hábitats naturales está llevando a la extinción a miles de especies cada año, muchas de las cuales no hemos llegado ni siquiera a conocer. Los estudiosos creen que el ritmo al que desaparecen las especies en la actualidad es al menos igual, si no más rápido, que el de cualquiera de las cinco grandes extinciones precedentes. ¿Cómo puede ser posible?

Resulta sorprendente, habida cuenta de la interdependencia entre la especie humana y las demás especies que habitan el planeta, que el estudio de la biodiversidad sea tan precario. Además de subestimar mucho la cantidad real de especies que hay en el mundo, la lista de las conocidas es parcial en algunos aspectos, sobre todo porque refleja el natural interés humano por las criaturas cubiertas de pelo o plumas. May[18] se lamenta del «chauvinismo de vertebrados total» en que hemos caído biólogos y conservacionistas. El término «especies en peligro» nos lleva típicamente a evocar imágenes de animales carismáticos, como los tigres, los linces, los osos panda, los orangutanes, las ballenas y los peces. Pero no: más del noventa y cinco por ciento del total de las especies corresponden a escarabajos, hormigas, moscas, etcétera. El sesgo de los biólogos hacia las plantas y los vertebrados, que representan una minoría de los seres vivos, debilita las estimaciones del número de especies, puesto que el noventa por ciento de las especies no se conocen.

Con el ánimo de proporcionar una cifra redonda y orientativa, Wilson[19] se refiere a veintisiete mil especies desaparecidas al año, lo que supone setenta y dos pérdidas por día y tres por hora.

¿Y qué está ocurriendo con los insectos, esos seres pequeños y delicados? ¿Sabemos el número de especies de insectos que existen? ¿No tienes la sensación, cuando paseas por el campo, de que hay menos saltamontes o mariposas, por ejemplo?

Hasta ahora solo el declive de la población de abejas ha recibido una atención pública generalizada, en gran medida debido a su papel vital en la polinización de cultivos alimentarios. El resto del reino de los insectos ha sido totalmente ignorado.

Williams[20] llevó a cabo una de las primeras estimaciones científicas del número de insectos. Llegó a la cifra de tres millones haciendo muestreos locales y extrapolando los resultados. Durante las dos décadas siguientes se recogieron informaciones de muchos hábitats, y el resultado fue que la suma total de especies llegaba casi a los diez millones. Años más tarde, en uno de los episodios más espectaculares de la biología sistemática, Erwin[21] afirmó que por lo menos existirían treinta millones de especies de insectos, la mayoría en la techumbre de las pluvisilvas tropicales. Erwin hizo este cálculo contando la población de insectos de una amplia muestra de árboles de la pluvisilva panameña, trabajo que ejecutó echando insecticida en la techumbre y recogiendo los cadáveres conforme caían a tierra. Una auténtica hazaña que, aunque fue importante para la ciencia, pasó inadvertida durante algún tiempo. Como dijo Wilson, «si los astrónomos descubrieran un planeta más allá de Plutón, la noticia saldría en primera plana de todo el mundo». No ocurre lo mismo cuando se descubre que el mundo vivo es más rico de lo que se sospechaba.

Los entomólogos hemos tardado doscientos treinta años en identificar un millón de especies de insectos; si de verdad hay treinta millones, como supone Erwin, tenemos diez mil años de actividad por delante.

Pero hemos hecho algo más que contar insectos: también los hemos descrito. Cada descripción es una forma de vida única, el legado de cientos de millones de años de evolución del que no somos más que una pequeña parte, pero la cantidad de descripciones es desoladoramente pequeña y las dificultades para aumentarla son enormes habida cuenta de los recursos que la ciencia ha invertido hasta el momento. En palabras de May,[22] decir que «no sabemos ni siquiera el orden de magnitud de cuántas especies compartimos el globo» es un triste comentario sobre el valor que se da a la gran biodiversidad del planeta.

¿Deberíamos, como dijo Wilson, «dedicarnos exclusivamente a elaborar un catálogo completo de la vida sobre la Tierra»? Una empresa así sería costosa, sin duda, pero mucho menos que construir una estación espacial que cuesta treinta mil millones de dólares. El deseo de Wilson (y me atrevo a asegurar que el de la mayoría de los biólogos) no es solamente válido, es digno de la ciencia y, mejor aún, es digno de la humanidad. Como culminación del proceso evolutivo, tenemos el deber moral de conocer hasta donde podamos el sinfín de formas con las que compartimos el planeta.

Hace unos pocos años, Dirzo,[23] ecólogo de la Universidad de Stanford, lideró un estudio con el que, combinando los datos de los pocos estudios exhaustivos que existen, desarrolló un índice global de la abundancia de invertebrados que mostró una disminución del cuarenta y cinco por ciento en los últimos cuatro decenios. El estudio señala que de 3.623 especies de invertebrados terrestres de la lista roja de la UICN, el 42 % están clasificadas como en peligro de extinción. Por poner datos a esa afirmación: entre los vertebrados terrestres se han extinguido –según este trabajo– 322 especies desde el año 1500 y las poblaciones que han sobrevivido hasta hoy muestran un declive en abundancia de un 15 % de media, lo que está causando una cascada de efectos secundarios en el funcionamiento de los ecosistemas y, paradojas, repercutiendo en el ser humano.

Como ya señalé en otros párrafos, se han descrito un millón de especies de insectos hasta ahora en el planeta, aunque no hay consenso, y podrían existir hasta cien millones de especies de insectos. Encontrarlos y clasificarlos es arduo, y saber cuántos se están extinguiendo es todavía más difícil: «Muy pocas de estas extinciones se han documentado, ya que los insectos en general están pobremente estudiados. Además, son pequeños y difíciles de encontrar, por lo que resulta aventurado saber si alguno ha desaparecido para siempre»; «La mayoría, si no todos los insectos cuya extinción fue registrada son especies carismáticas, como mariposas, o aquellos cuyo hábitat es tan restringido que se puede buscar exhaustivamente».

La extinción masiva más importante a la que se enfrenta el planeta está bajo nuestras narices: miles de especies de insectos desaparecen a un ritmo impactante, y es probable que el cambio climático y la depredación de los ecosistemas tenga a otros tantos en el umbral de la extinción. Sin embargo, este hecho pasa desapercibido porque los estudios al respecto son muy pocos y solo se han documentado setenta extinciones desde el siglo XV: «Una oruga en un pajar».

Presa[24] es coautor de un estudio surgido de la colaboración entre la Unión Europea y la UICN. Durante más de dos años de trabajo, un equipo compuesto por más de ciento cincuenta entomólogos de toda Europa ha analizado todas las especies de una familia de ortópteros nativos del continente y ha llegado a la conclusión de que más de una cuarta parte de estas especies, entre ellas los saltamontes y los grillos, van camino de la extinción. La principal causa de su desaparición es el auge de la agricultura intensiva, que está transformando en tierras de cultivo los hábitats de estos insectos (las praderas y los matorrales). El sobrepastoreo, el uso de fertilizantes para mejorar los cultivos y la utilización de maquinaria pesada, así como el uso de pesticidas, son las principales causas de mortalidad de los saltamontes y los grillos en los campos de labranza europeos. A esto se suma el desarrollo comercial, turístico y residencial, los incendios forestales, la desaparición de los humedales, el drenaje de los ríos y los efectos del cambio climático en los ecosistemas. Y, lo que es peor, junto a estos animales van desapareciendo, además, elementos básicos para el sustento de numerosos ecosistemas de los que dependemos todos los seres vivos.

Es evidente que la especie humana está alterando los ecosistemas y conduciendo a muchas especies a la extinción. ¿Por qué no dejar que la sexta extinción siga su curso? Sabemos que, en las extinciones previas, la evolución acaba por crear nuevas especies que se convierten en actores de los nuevos ecosistemas. La respuesta es simple: las nuevas especies evolucionan y los nuevos ecosistemas vuelven a ensamblarse, siempre después de que la perturbación causante de la extinción desaparece o se estabiliza.

En otras palabras: nuestra especie tendrá que dejar de ser la causa de la sexta extinción antes de que la recuperación evolutiva vuelva a comenzar.[25]

La pregunta clave es: **¿por qué hemos dejado de apreciar el valor de la biodiversidad?**

Creo que la respuesta, de nuevo, es muy sencilla: dejamos de vivir dentro de los ecosistemas locales, hemos escapado del mundo natural y, en consecuencia, pocos de entre nosotros vemos la dependencia real entre nuestra especie y la salud del sistema global.

¿Los Gobiernos consideran la biodiversidad como algo accesorio o, al contrario, de vital importancia para nuestro futuro?

La mayoría de los políticos suelen tener dificultades para pensar más allá de lo inmediato (las próximas elecciones). Necesitamos que se haga un esfuerzo (de financiación y liderazgo) que implique documentar la biodiversidad existente a escala global, conocer el estado y la salud de nuestros ecosistemas y políticas de conservación. La tarea es ciertamente colosal, costará miles de millones de euros y deberá implicar a diferentes colectivos profesionales relacionados con los seres humanos y con el ambiente físico y vivo.

Creo que si llegamos hasta aquí gracias a nuestro ingenio, es deseable que seamos lo suficientemente inteligentes para saber decir: «¡Hasta aquí hemos llegado!».

¿**Sabías que** «aproximadamente tres cuartas partes de las especies de mariposas en Cataluña, y esto puede ser extrapolable al resto de España, están en declive»? (Melero).[26]

4. Los insectos buscan pareja

«Todo cortejo resulta ruin si se lo ve desde fuera o se lo recuerda, una mutua manipulación consentida, el mero cumplimiento trabajoso de un trámite y la envoltura social de lo que no es más que instinto.»

JAVIER MARÍAS,
Mañana en la batalla piensa en mí

Los insectos, al igual que nosotros, los humanos, también tienen días para la celebración de su «vida romántica». Como parte del reino animal, no son una excepción y deben realizar diversas actividades para encontrar a su «media naranja» que ocupan tiempo y esfuerzo. Así es, no solo en la especie humana se observan luchas, cortejos, serenatas, regalos e incluso dramas para «conquistar» a ese «príncipe o princesa» soñados. Mediante el ritual del cortejo, el macho exhibe sus características físicas, la producción de sonidos especiales o de regalos y, en función de todo ello, la hembra escoge a su pareja ideal. Ellas poseen capacidades instintivas para analizar cada detalle importante. Sin este «romántico detalle» no habría manera de proteger a la descendencia manteniendo buenos niveles de salud en las generaciones futuras.

Es necesario reconocer que la vida romántica de cualquier organismo (e incluyo aquí a la especie humana) tiene mucho que ver con el interés por perpetuar la especie, y en la mayoría de las especies de insectos se establece con el objetivo de reproducirse (en insectos eusociales, varias generaciones sobrepuestas de sus miembros sacrifican su reproducción para cuidar a las crías producidas por la élite de la colonia), pero solo después de cumplir ciertas condiciones.

La mayoría de los animales y muchos insectos presentan un comportamiento especial para reproducirse. Este comportamiento se relaciona con el acto de apareamiento o cópula y puede dividirse en varias etapas: primero, localizar a la pareja; después, establecer un cortejo para retenerla; si lo logran, pueden copular, y, si hay oportunidad, pueden manifestar cierto comportamiento poscopulatorio. Básicamente, la función de este comportamiento reproductor es asegurar la transferencia del esperma del macho a la hembra para producir una nueva generación.

Después del reconocimiento y la localización de la pareja es necesario mantener juntos al macho y a la hembra para que el esperma pueda ser transferido al tracto reproductor de la hembra y así asegurar la fertilización de los huevos, aunque en algunos casos no es necesaria la presencia de ambos sexos para realizar dicha transferencia. Por ejemplo, en los insectos más primitivos y que no tienen alas, como los saltarines (colémbolos) y lepismas (tisanuros), el macho deposita el paquete de esperma sobre una superficie y después la hembra lo encuentra y lo introduce en su tracto reproductivo. Este sería el comportamiento reproductor más sencillo entre los insectos.

Sin embargo, en la mayoría de los insectos el comportamiento reproductor es más complejo y evolucionado, lo que implica el uso de una variedad de estímulos y señales que ayudan a la localización de las parejas. Veamos algunos casos:

Cuando el amor está en el aire...

En los insectos, el sentido del olfato está tremendamente desarrollado. Estos animales pueden comunicarse con otros individuos de su misma especie mediante mensajeros químicos conocidos como feromonas. En el caso de las mariposas, las feromonas sexuales son emitidas por la hembra durante un corto período (una o dos horas). La hembra muestra una postura típica llamada *calling posture* (o postura de llamada), por la apertura de sus alas, y saca sus glándulas feromonales, que se modifican por el aumento de la presión del líquido circulatorio en el abdomen, lo que provoca que la feromona se evapore pasivamente en el aire. Cuando el macho percibe la feromona de la hembra, empieza a volar siguiendo un recorrido en zigzag y, finalmente, aterriza cerca de esta, se para e inicia su comportamiento de cortejo.

Y si no es posible oler o ver al potencial candidato se puede optar por escucharlo...

Así como los trovadores interpretaban serenatas bajo los balcones de sus amadas, los insectos tienen, y ejecutan, sus propios repertorios. Los atardeceres y las noches cálidas del verano son el escenario ideal para deleitarnos con sinfónicas melodías de grillos, saltamontes y cigarras.

¿Cuál es el cantor más melodioso, insistente o imaginativo? Estas son cuestiones subjetivas, pero no es casualidad que todos sean ortópteros. Estos insectos pueden producir sonidos mediante estridulación, es decir, por el roce de superficies rugosas presentes en distintas partes de su cuerpo.

La mayoría de los sonidos que producen tienen lugar por frotamiento de una parte del cuerpo (el raspador) contra otra (la lima). En los saltamontes de antenas cortas, el canto se produce por frotamiento de las patas traseras contra las alas. Presentan una serie de pequeños salientes que, al frotarlos contra los bordes duros de las alas, dan lugar a unas vibraciones que se transmiten como los demás sonidos. Para hacernos una idea del tipo de sonido, podemos producir uno semejante raspando las púas de un peine contra el borde de un trozo de cartón.[27]

Los grillos y los saltamontes de antenas largas, por su parte, originan sonidos frotando los bordes de las alas anteriores entre sí. Aparte de esta forma de producirlos, en el mundo de los insectos hay muchas otras variantes.

Cada chirrido es una emisión de sonido producida por el paso del raspador sobre la lima. Este sonido contiene varias oscilaciones, una por cada diente o saliente que pasa por la lima. Las vibraciones producidas se transmiten a otras partes del cuerpo y, dado que estas partes vibran con distintas frecuencias, el sonido tiene varias frecuencias diferentes (cuanto más pequeño es el cuerpo vibrante, más agudo es el tono de la nota resultante). En los adultos del saltamontes común de los prados, el canto del macho consta de fraseos de dos segundos de duración que aumentan en amplitud hacia el final. El comienzo de un fraseo se caracteriza por lentos sonidos de relojería que aumentan en velocidad y amplitud, lo que lleva a un sonido de zumbido hacia el final. Una canción de cortejo, por lo general, incluye dos fraseos.

En las especies que muestran mayor complejidad en el comportamiento acústico se reconocen hasta cuatro tipos distintos de canto, siempre producido por los machos. Con el canto de proclamación, o de reclamo, el macho informa de su posición. La estructura de ese canto diverge de una especie a otra; su gama va desde cantos prolongados y muy rítmicos hasta cantos breves y reiterativos. Los cantos de coro son cantos de proclamación breves, emitidos por varios machos próximos que tratan de señalar las respectivas posiciones. Los de cortejo se realizan, generalmente, en proximidad de una hembra y no suelen diferenciarse mucho de los de proclamación, aunque suelen ser más quedos y cadenciosos. Por fin, el de rivalidad sirve para resolver eventuales encuentros o invasiones del territorio inmediato. Suelen tratarse de sonidos breves emitidos alternativamente por los distintos machos involucrados y, a menudo, acompañados de movimientos aparentes de las patas posteriores.[28]

Estas actividades de comunicación acústica de los machos reciben respuesta por parte de las hembras. En ciertos casos es también sonora, de modo que se establece un sistema de reconocimiento mutuo.

En las selvas tropicales de Colombia y Ecuador se ha descubierto un nuevo género y tres nuevas especies de insectos de saltamontes de antenas largas que emiten los sonidos de cortejo ultrasónicos más agudos registrados en el reino animal. El hallazgo lo han hecho unos entomólogos de las universidades de Lincoln y Strathclyde, en el Reino Unido, y de Toronto, en Canadá. El equipo de Montealegre[29] ha constatado que las frecuencias de los sonidos en estos insectos alcanzan los 150 kHz, todo un hito si tenemos en cuenta que las frecuencias sonoras usadas por la mayoría de dichos insectos oscilan entre 5 y 30 kHz y que 20 kHz es la frecuencia más aguda que los humanos podemos percibir.

Estos insectos han perdido la capacidad de volar debido al reducido tamaño de sus alas, por lo que el adoptar frecuencias ultrasónicas extremas podría ayudarlos a evitar a depredadores como los murciélagos. Su presencia en la selva tropical los ha obligado también a reducir el tiempo durante el cual emiten sus sonidos de cortejo y a desarrollar un oído que puede escuchar los chillidos de ecolocación ultrasónicos que lanzan los murciélagos a modo de sonar.

Lampe,[30] de la Universidad de Bielefeld, en Alemania, capturó 188 machos de saltamontes común de los prados, la mitad proveniente de lugares tranquilos y la otra de zonas junto a las carreteras más transitadas. El análisis de casi mil grabaciones reveló que los saltamontes que viven al lado de las carreteras ruidosas producían canciones diferentes a los que viven en lugares más tranquilos. Los saltamontes de hábitats ruidosos aumentan el volumen de la parte inferior de la frecuencia de su canto, lo cual tiene sentido, ya que el ruido de la carretera puede enmascarar las señales en esta parte del espectro de frecuencias. «El aumento de los niveles de ruido podría afectar el cortejo de los saltamontes de varias maneras –advierte el investigador–. Podría evitar que las hembras escuchasen las canciones de cortejo masculino correctamente, que reconozcan a los machos de su misma especie o poner en peligro la capacidad de las hembras para estimar cuán atractivo es un macho a partir de su canción».[31]

Hasta ahora se pensaba que el canto del macho dependía de su tamaño y que los grillos no podían hacer nada para variarlo. Las hembras, por lo tanto, solo tenían que escuchar su canto para hacerse una idea del tamaño de su pretendiente. Sin embargo, se descubrió que los grillos de árbol (criaturas diminutas y casi transparentes) cambian la altura tonal de su canto (*pitch*) según la temperatura ambiente. De esta forma, los ejemplares del grillo de árbol cantaban con una altura tonal de 3,6 kHz cuando había una temperatura ambiente de 27º C, mientras que bajaban a 2,3 kHz cuando el termómetro marcaba 18º C. Sin embargo, los científicos no han averiguado realmente cómo ni por qué se producía este cambio en los sonidos que emiten. Además, la capacidad de variar la geometría de sus alas ofrece a estos insectos un amplio abanico de posibilidades, incluyendo la de utilizar su canto para ocultar su tamaño real. De hecho, la razón más probable por la que los grillos varían la geometría de las alas es para producir más sonidos.[32]

Algunos grillos se perfuman para encontrar pareja...

Científicos australianos han descubierto que los grillos emplean distintas técnicas de apareamiento: los más fuertes cantan y los más débiles se «perfuman» para atraer a las hembras. La investigación, realizada por Thomas y Simmons,[33] muestra que la capa de grasa que cubre a los grillos no solo previene la pérdida de agua, sino que su composición química refleja el estatus social de este insecto. Los científicos observaron que, en las peleas entre grillos, el macho ganador produce «un sonido de cortejo en presencia del macho subordinado». «Si bien los grillos no fuerzan la copulación, el estatus dominante está determinado por la habilidad del macho de atraer a las hembras a través de señales acústicas.» Los grillos perdedores se ven obligados a suprimir su canción debido a los intermitentes ataques de los machos dominantes. Para compensar su desventaja y atraer a las hembras, estos ejemplares débiles producen grandes cantidades de hidrocarburos cuticulares, unas sustancias vinculadas a la reproducción. En términos de apareamiento, los hidrocarburos cuticulares equivalen a los plumajes vistosos que exhiben ciertas aves para atraer a su pareja.[34]

Antes que los humanos ya había insectos tamborileros

Cuenta la leyenda que un día George Harrison estaba descansando en la casa de su amigo Eric Clapton y se percató de la entrada de la primavera. Entonces tomó la guitarra y compuso *Here Comes the Sun* (*Ahí viene el sol*), una canción lumínica cantada por un escarabajo –léase un *beatle*–, pero con vocación de cigarra.

Si has tenido la oportunidad de escucharlos, estarás de acuerdo conmigo en que todos los ejemplares machos de la cigarra son grandes tenores. Su dedicación al canto es tal que algunos creen que pueden llegar a fallecer por este motivo debido a la presión tan alta a la que deben someterse para desarrollarlo. Sin embargo, no hay ninguna evidencia de ello. Además, su característica melodía es única entre todos los insectos.

Pero ¿cómo la realizan? La producen dos membranas llamadas «timbales» situadas dentro de dos cavidades resonantes ubicadas a cada lado de su abdomen y ayudadas de potentes músculos que las hacen vibrar a gran velocidad. De esta manera se produce un sonido, igual que se hace sonar una tapadera de hojalata con los dedos, abollándola hacia dentro y hacia fuera. Para nuestro oído, esta rápida oscilación de la membrana se presenta como un sonido agudo y continuo, parecido al emitido por un aparato de radio mal sintonizado o a una alarma personal que se hubiera disparado. Y eso si el macho está cantando solo y no se encuentra acompañado de un coro de cientos de compañeros, ya que si un macho eleva la potencia de sonido, sus vecinos harán lo mismo, todo ello para atraer al mayor número de hembras posibles. ¡Es una de las mayores competiciones de canto dentro del reino animal![35]

Cuando una hembra ha elegido a un macho, volará hacia él. Tras encontrarse, ambos miembros juntan sus órganos reproductores, situados en la parte final del abdomen. Este proceso suele durar cierto tiempo, hasta que el macho se asegura de que su material genético, el esperma, se encuentra totalmente en el interior de la futura mamá cigarra. Se trata, por lo tanto, de una reproducción interna. En este momento, el papel del macho ya ha finalizado; sin embargo, para la hembra aún queda el último y más importante paso: la puesta. Para ello hace uso de un fino y largo filamento en forma de tubo denominado ovopositor, aunque primero ha de encontrar un lugar seguro para depositar los huevos. Suele realizar la puesta en pequeñas grietas o resquicios de las cortezas de los árboles o de sus ramas, puesto que de esta forma su descendencia se encuentra bien protegida, a salvo de posibles depredadores. Tras la fase de apareamiento, ambos adultos fallecen. Su misión se ha cumplido y ha finalizado con éxito y todo está listo para que en los próximos años sus descendientes continúen con el amoroso canto, tan típico de nuestro bosque mediterráneo.

Las cigarras pueden ser para algunos insectos como el *pub* de solteros en el que estuviera sonando frecuentemente *I Wanna Dance With Somebody*, de Whitney Houston, por ejemplo.

Su canto también cautiva a otros insectos, como la mosca parásita *Emblemasoma erro*, cuya presencia no beneficia a las chicharras. «Los machos inician su comportamiento de búsqueda de pareja una vez que llegan a la fuente del sonido, y es allí donde copulan con hembras.» A diferencia de otros insectos parásitos, que se guían por el olor y las señales químicas para localizar a sus huéspedes, en los que depositan sus huevos y de los que se alimentan después sus larvas, la mosca es atraída por el canto de las chicharras. El sonido que estas emiten llama la atención de las hembras de la mosca parásita, que se entrometen en sus técnicas de seducción. Las moscas siguen a las chicharras y depositan las larvas recién salidas del huevo directamente en ellas, pero el canto también atrae a las moscas macho, que saben que las hembras en busca de pareja también estarán allí.[36]

Algunos insectos aprovechan la oportunidad de encontrar pareja cuando se reúnen en un mismo lugar, sobre todo cerca o sobre su fuente de alimento. Por ejemplo, los escarabajos estercoleros se reúnen cerca o bajo el estiércol o el excremento de los animales, y el peculiar «perfume» de este material les sirve de señal atractiva para sus parejas.

Amor a primera vista: la bioluminiscencia

Algunos insectos de hábitos nocturnos producen señales luminosas con el fin de atraer a sus compañeros. Un ejemplo clásico son las luciérnagas hembras, que producen luz mediante una reacción bioquímica en la que una sustancia llamada luciferina es degradada por la enzima luciferasa.

¿**Sabías que** hay un gran paralelismo entre la mariposa de gran tamaño esfinge de la calavera (*Acherontia atropos*), que produce sonidos por medio de la porción delantera de la espiritrompa, y lo que ocurre en la laringe de los seres humanos?

5.
Los rituales amorosos

> «Ni contigo ni sin ti
> tienen mis penas remedio.
> Contigo, porque me matas,
> y sin ti, porque me muero.»
>
> COPLILLA POPULAR

Los etólogos solían ver los rituales del cortejo y el apareamiento como armoniosas aventuras en las cuales el macho y la hembra colaboraban para propagar sus respectivos genes. Hay que admitir que algunos animales, obviamente, no son cooperativos, como, por ejemplo, la mantis religiosa, pues la hembra se come al macho durante la cópula, pero en general el cortejo era visto como poseedor de funciones de interés común para el macho y la hembra: para «sincronizar la excitación sexual de los sexos», para «establecer los lazos de la pareja», para «permitir la identificación de la especie», etcétera.[37]

Sin embargo, esta visión ya no es tan ampliamente aceptada y se pone más acento en la idea de que existen conflictos de intereses entre macho y hembra tanto en el cortejo como en el apareamiento, que serían una «incómoda alianza» en la que cada uno trata de maximizar su propio éxito a la hora de propagar sus genes. Cooperan porque ambos propagan sus genes por medio de la misma progenie y, por lo tanto, cada uno apuesta el cincuenta por ciento en la supervivencia de las crías. Pero la elección de la pareja sexual, el aprovisionamiento de nutrientes del zigoto y el cuidado de huevos y crías son temas sobre los cuales los sexos pueden no estar de acuerdo.[38]

En todas las plantas y animales la diferencia básica entre los sexos es el tamaño de sus gametos: las hembras producen gametos grandes, inmóviles y ricos en nutrientes llamados óvulos, mientras que los gametos de los machos o espermatozoides son diminutos, móviles y consisten en poco más que una porción de ADN con autopropulsión. Debido a que las hembras invierten más recursos que los machos en cada cría, el cortejo y el comportamiento copulador del macho está dirigido en gran medida a la competencia por la «inversión» de la hembra y su explotación.

Entonces, hablemos de «inversiones»

Trivers[39] fue el primero en poner énfasis en la relación entre la inversión de recursos en gametos y la competencia sexual: «Cuando un sexo invierte considerablemente más que el otro, los miembros de este último competirán entre ellos para aparearse con los miembros del primero».

Lo que está claro es que la inversión es distinta: gasta más la hembra que el macho. Esto es, la fecundidad de la hembra está limitada a la cantidad de óvulos que sea capaz de producir, mientras que la del macho solo está limitada a la cantidad de ellos que sea capaz de fecundar. Y es que los óvulos son mucho más grandes que los espermatozoides y están cargados de vitelo o sustancias que favorecen el desarrollo del zigoto, mientras que los espermatozoides «solo» aportan el ADN paterno, por lo que son mucho más «baratos» de producir. Por ello, en la naturaleza, si un macho se aparea con muchas hembras, solo sufrirá una pequeña reducción de su eficacia biológica si alguna de ellas es «inapropiada», mientras que si una hembra se aparea con un macho «inapropiado» que fecunde todos o parte de sus óvulos, la pérdida será mucho mayor.

La conclusión de todo esto es que las hembras, al realizar una mayor inversión parental inicial, se convierten en un recurso escaso y muy valioso para los machos, lo que los obliga a competir por aparearse con las hembras y que ellas los elijan, ya que se preocupan de poner el listón bien alto para compensar la gran inversión maternal que realizan.

Si un individuo no escoge bien a su pareja sexual, la naturaleza lo castiga, condenándolo a la extinción. Si nos paramos a pensarlo, es lógico, ya que si un individuo no consigue una buena pareja reproductiva, no tendrá descendencia y sus genes no serán transmitidos. Ni que decir tiene qué ocurrirá si ni siquiera es capaz de conseguirla.

No obstante, en este mundo de excepciones que es la naturaleza, existen, por ejemplo, especies de peces, aves e insectos en las que si el macho realiza una gran inversión parental, aportando muchos recursos, son ellos los que eligen y ellas las que han de «ganarse a los machos». Sin embargo, esta no suele ser la regla, sino más bien la excepción.

Con el tiempo, los machos han aprendido a lucirse con rasgos extravagantes y ostentaciones llamativas que obligan a sus posibles parejas a sacrificar muchas oportunidades de supervivencia. El pavo real se arriesga a atraer a depredadores con su cola y a perder agilidad en la huida, pero ese magnífico apéndice está gritando: «Soy tan vigoroso que puedo permitirme este pesado adorno».

Los grandes ornamentos, los coloridos plumajes y las superestructuras corporales, entre otros caracteres sexuales secundarios, son dependientes de la condición corporal y del estado de salud de su portador. Porque tales rasgos no son gratis, requieren un desarrollo y un mantenimiento, ambos dependientes de forma directa de los recursos que puedan conseguirse. Pero, además, tales recursos deben compartirse con el resto de las funciones del organismo, sin olvidar la necesidad de acumular reservas energéticas para épocas de escasez. Por lo tanto, es muy posible que el mantenimiento de los caracteres sexuales secundarios se encuentre en un segundo plano, ya que no son fundamentales para la supervivencia; en consecuencia, estos serían los primeros en verse comprometidos cuando el animal empiece a pasarlo mal. Por ello, el tener una buena cornamenta, por ejemplo, no solo dice que su portador es muy bueno sobreviviendo en el mundo, lo cual a su vez indicaría que es un tipo avispado que debe tener una excelente dote genética, sino que, además, el ejemplar con una buena cornamenta puede decir: «¡Fíjate en mis cuernos y admírame, soy tan extraordinariamente bueno que hasta me sobran energías y recursos para desarrollar la cornamenta más molona de todo el bosque!».

Modos de cortejar y el no tan lejano cortejo de las moscas

Ahora cabe que nos preguntemos: ¿cómo compiten los machos por las hembras?

Llegados a este punto hablaré de una serie de rituales de cortejo más o menos llamativos o divertidos por su apariencia o claramente extravagantes. Claro que sobre esta cuestión los humanos no podemos sacar pecho ni tirar muchos cohetes, porque nuestro comportamiento en el cortejo nos aproxima mucho a las moscas. ¡Sí, has leído bien! ¡A las moscas!

¿Homo insectus? Nadie creería que se pueden comparar las actitudes y los métodos de los insectos para seducir con los de un animal más desarrollado en su sensibilidad y complejidad social como los mamíferos y, mucho menos, con los humanos, pero lo cierto es que un grupo de células nerviosas vinculadas a la conducta sexual podría ser el origen de la diferencia entre el éxito o el fracaso de los hombres con las mujeres, y ese grupo de células es idéntico en nosotros y en las moscas de la fruta (*Drosophila melanogaster*). Científicos estadounidenses[40] descubrieron que el circuito cerebral de seducción del ser humano es el mismo que el que poseen las moscas. Las moscas de la fruta y los seres humanos son similares en su estructura genética, por lo que los autores se preguntan si los genes que controlan la sexualidad en dichos insectos podrían tener un mismo papel en las personas: «Si uno examina lo básico de la conducta de las moscas, encuentra una habilidad innata para reconocer a alguien de la especie y el sexo adecuados», agregan Manoli y Baker.[41]

Estos científicos, al comparar el comportamiento de las personas, indican que: «Uno las toca (a las hembras) suavemente para llamar su atención, les pone música romántica y así sucesivamente». De manera que las actitudes de los machos de estos insectos tienen elementos que equiparan su cortejo básico con el de los animales superiores. «Los rudimentos básicos son bastante similares a lo que hacen las personas para obtener un apareamiento adecuado y producir descendencia.»[42]

Pero si crees que tu vida sexual no es la mejor, veamos qué piensas después de leer los hábitos que presentan algunos grupos de insectos.

Los rituales de cortejo y el sexo de las **libélulas** parecen inofensivos, incluso románticos, pero lo cierto es que su juego amatorio revela una escabrosa historia de acoso sexual. Algunos machos prescinden del cortejo y directamente atrapan a las incautas hembras –incluso a las inmaduras, las que apenas han salido de la fase larvaria– cuando estas están calentándose al sol. Otros, llamados «ladrones», atacan y separan a las parejas en pleno apareamiento, embistiendo y mordiendo; y otros, los «acechadores acuáticos», agarran a la hembra mientras pone los huevos, aunque muera ahogada antes de terminar. Las hembras, por su parte, intentan escapar de esa zafia conducta haciendo acrobacias, volando en zigzag, trazando espirales arriba o abajo, sumergiéndose en el agua, huyendo o contraatacando, a veces mortalmente.

¿Qué motiva esta guerra de sexos? En las libélulas hay una extraña mezcla de colaboración y hostilidad, instinto y experiencia, que podría explicar no solo sus peculiares hábitos reproductores, sino también su impresionante diversidad.

El macho de la libélula impone sus derechos sobre un territorio cercano al agua y lo defiende ferozmente de todos sus rivales. Cuando llega la hembra, el macho modifica su estilo de vuelo y realiza una exhibición para cortejar a su compañera antes de sujetarle la cabeza con unas pinzas especiales ubicadas en el extremo de su abdomen. Si esta lo acepta, curva el abdomen para poner su genitalia en contacto con la genitalia secundaria del macho (la típica postura de corazón que tanto llama la atención en este grupo) y permitir la transferencia del esperma del macho a la hembra. Según las especies, el macho puede retirar antes el esperma acumulado por la hembra de cópula(s) anterior(es), lo que también realiza con la genitalia secundaria.[43]

Tras la cópula, el macho soltará a la hembra para que esta pueda liberar los huevos en el agua (de ahí el nombre vernáculo de «mojaculos»), ya que las larvas son de vida acuática, pero algunas especies mantienen la forma del tándem tras la cópula, ya sea para defender a la hembra de la inseminación de otros machos o para defenderla ante cualquier peligro, hasta que realice la puesta y se garantice que ha sido realizada con éxito.

En la época de apareamiento, la hembra de **mantis religiosa** segrega feromonas, con lo que atrae al macho, y es el único momento en el que los machos y las hembras se reúnen. En dicho apareamiento, en primer lugar, el macho rodea a la hembra hasta saltar a su dorso y poner en contacto sus antenas con las de la hembra. A continuación, el macho pone en contacto sus estructuras genitales con las de la hembra y deposita el espermatóforo en su interior.

Durante este período las hembras se vuelven muy agresivas y en ocasiones acaban por devorar a su compañero durante o después del apareamiento, empezando por la cabeza y evitando dañar las zonas del sistema nervioso encargadas de la reproducción. No obstante, el canibalismo sexual de la mantis dista de ser una pauta normal de su comportamiento.[44]

¿Cuál es la razón? Si uno piensa en la selección natural como la maximización de la supervivencia, tal suicidio caníbal carece de sentido. Ahora bien, supongamos que las oportunidades de transmitir genes son impredecibles y aparecen infrecuentemente y que el número de la progenie producida en tales ocasiones aumenta según las condiciones nutricionales de la hembra. Tal es el caso de algunas especies de arañas y mantis que viven en bajas densidades de población. Un macho tiene suerte si encuentra una sola hembra, y no es probable que ese golpe de suerte ocurra dos veces. La mejor estrategia del macho es producir la mayor cantidad posible de progenie que lleve sus genes como resultado de su afortunado hallazgo. Cuanto mayores sean las reservas nutricionales de la hembra, más calorías y proteínas tendrá ella disponibles para transformarlas en huevos. Si el macho partiera después del apareamiento, probablemente no encontraría otra hembra y la continuación de su supervivencia resultaría entonces inútil. En vez de ello, animando a la hembra a que lo devore, la capacita para producir más huevos que lleven sus genes.[45]

El ciclo vital de las **chinches de cama** se inicia mediante la búsqueda de las hembras por parte de los machos. Esta búsqueda se basa en el tamaño (las hembras presentan mayor tamaño porque están hinchadas de sangre) y se realiza en la oscuridad, ya que son insectos nocturnos. Este proceso implica que, con frecuencia, los machos se equivoquen e intenten inseminar a otros machos.

El chinche común (*Cimex lectularius*) macho no necesita que la hembra esté receptiva o tener mucha puntería. Su órgano reproductor es una especie de jeringuilla que le permite perforar cualquier parte del cuerpo de la hembra, de manera que literalmente inyecta su esperma en el flujo sanguíneo de esta para que llegue a sus ovarios. Este tipo de fecundación es llamada «traumática», ya que las punciones se realizan repetidas veces para asegurar el éxito, como si se tratara de un apuñalamiento múltiple. Este método se ha desarrollado para saltarse a la torera cualquier posible control de natalidad en los genitales de la hembra, lo que produce, como efecto secundario, frecuentes infecciones en esta. Pero hete aquí que la hembra también ha tenido su propia evolución. La posición de cópula de los machos hace que las perforaciones sean habitualmente en un segmento determinado de su cuerpo, así que, astutamente, la hembra ha desarrollado a esa altura, en su lado derecho, una especie de muesca que hace de embudo y que provoca que el pene del macho termine en un receptáculo con células espermicidas.

Los hábitos de apareamiento de los **saltamontes** son tan cómicos y variados como la propia especie. Cada uno tiene su propia manera de atraer y mantener a un compañero para la breve, pero tórrida, temporada de apareamiento. Ciertas especies de saltamontes tienen rituales de cortejo muy elaboradas. El saltamontes de América del Norte se torcerá sobre sí mismo en dieciocho posturas diferentes con las alas y las patas para impresionar a una pareja potencial. Agitar sus alas de colores brillantes es otra buena manera de atraer a una hembra.

Para los seres humanos, la iniciación sexual no es una cuestión baladí. Fuente de obsesiones e idealizaciones románticas, la pérdida de la virginidad, dicen, te cambia para siempre.

«A mí me lo vas a contar», podrían decir los **grillos** norteamericanos machos: la primera hembra con la que se aparean no solo los despoja de su inocencia, sino también de partes del cuerpo que les arranca a bocados, y es que para atraer a la hembra el macho estridula y después cierra el trato con ella permitiéndole que se coma sus alas posteriores durante la cópula y se beba su hemolinfa (líquido circulatorio).

¿Por qué algunos machos disfrutan de varios encuentros tan amorosos como cruentos, mientras que otros no tienen ninguna oportunidad? La clave está en el reclamo. Al comparar las llamadas de distintos ejemplares, Ower[46] halló «diferencias fundamentales» entre el sonido emitido por los machos que habían consumado el apareamiento y los que no.

Convertirse en merienda sexual puede minar las fuerzas necesarias para estridular. Al término de la época de apareamiento, «casi no se oyen reclamos. Los que siguen emitiéndolos son machos que acaban la temporada con una larga lista de conquistas… y sin alas traseras».

En algunos casos, las preferencias de las hembras de la **mosca escorpión** (*Mecoptera*) están basadas en consideraciones puramente utilitarias tales como la capacidad del macho para conseguir buena comida. En la mosca escorpión, el macho puede ofrecer comida a la hembra (a veces tras la competencia con algún macho por esta) o masas salivales, lo que promueve la maduración de los óvulos (normalmente las hembras se alimentan de fluidos vegetales), y la cópula se produce mientras se alimenta. Las capacidades citadas hacen sexualmente más interesante al macho, lo que incrementa la duración de la cópula, con lo que se consigue mayor tiempo de transferencia seminal. En ocasiones se produce una cópula forzada (estrategia que suele ser adoptada por machos que han perdido sus regalos a manos de otros machos), que también suele dar un resultado alto de encuentros. La puesta suele ser mayor en la cópula con regalos que en la forzada, ya que la hembra puede interrumpir la cópula y volar en busca de otro macho.[47]

Como sucede en el caso de los seres humanos, algunos de los rasgos y comportamientos del cortejo de las **mariposas** son bastante elaborados. Complicados o simples, el cortejo y la cópula constituyen los mecanismos por los que se ejecuta la supervivencia y la evolución.

La mariposa nacarada (*Argynnis paphia*) habita en los claros o en los márgenes de nuestros bosques. En julio y agosto, hacia la hora del mediodía, los machos se vuelven particularmente activos y revolotean sin descanso por su región. Su vuelo habitual, balanceante, se ha convertido en un vuelo zigzagueante, lo que significa que el macho va en busca de una hembra.

En un claro del bosque patrulla un macho volando en zigzag y entonces aparece una hembra que, tranquila y regularmente, revolotea hacia el claro. Cuando atraviesa el claro, aparece el propietario del territorio. Con determinación y rapidez recorre los pocos metros que lo separan de la hembra, la alcanza y la cerca en vuelos circulares muy cerrados. La hembra se queda suspendida en el aire, zumbando con las alas. A continuación él vuela alrededor de ella, pero ahora describiendo semicírculos. Como respuesta, la hembra prosigue su vuelo lentamente y en línea recta. Él vuelve a perseguirla, pero lo que hace esta vez es volar por debajo de ella para elevarse nada más sobrepasarla. Al hacerlo, el macho pierde velocidad, de modo que la hembra lo adelanta, volando por debajo de él. Y de nuevo persecución, vuelo bajo y elevación. Esta maniobra se repite a lo largo y ancho de todo el claro. De repente, la hembra interrumpe este juego aéreo y, zumbando con las alas, aterriza sobre una flor. A continuación, aterriza él también y se posa formando un ángulo recto respecto a la hembra, de tal forma que su cabeza esté dirigida hacia el flanco derecho del cuerpo de ella. En ese momento cesa el zumbido de las alas, que ya solo se mueven lentamente hacia arriba y abajo. Seguidamente, el macho hace una especie de reverencia y abraza el cuerpo de la hembra con las puntas de las alas anteriores. Segundos después, redobla sus antenas sobre las alas posteriores de la hembra. Es entonces cuando el macho se da la vuelta, se coloca en posición paralela a su pareja y golpea el orificio sexual de esta con el extremo de su abdomen. En esta fase de apareamiento, ella despliega sus saquitos olorosos en el abdomen y poco después tiene lugar la cópula.[48]

Es espectacular, pero hay que reconocer que actuaciones tan elaboradas como las mencionadas previamente no son la norma en el mundo de las mariposas. El cortejo de muchas especies es fugaz, dura menos de treinta segundos y consiste, sobre todo, en un revoloteo del macho alrededor de la hembra.

El ciclo reproductivo de las **abejas** (*Apis mellifera*) es fascinante y complejo. Aquí va su pequeña historia: el apareamiento de las abejas de la miel se inicia cuando una abeja reina virgen vuela a un sitio donde miles de abejas machos (zánganos) la están esperando. Allí se aparea con varios machos en vuelo. Un zángano monta a la reina, encaja su endofalo y eyacula semen. Después de eyacular, el zángano se separa de la reina, pero su endofalo, arrancado de su cuerpo, permanece atado a la reina fecundada.

El próximo zángano que fertiliza a la reina elimina el endofalo anterior y, después de eyacular, y por el mismo proceso, pierde su propio endofalo. El zángano solo es capaz de aparearse entre siete y diez veces durante un vuelo nupcial. Después de la cópula, los zánganos mueren rápidamente, dado que su abdomen es abierto cuando su endofalo es removido. Los zánganos que sobreviven al vuelo nupcial son expulsados de sus colonias porque después de participar en el vuelo nupcial ya han cumplido con su único propósito en la colonia.

Las abejas vírgenes participan en un único vuelo nupcial en toda su vida. Después de aparearse con varios zánganos durante el vuelo nupcial, la reina almacena hasta cien millones de espermatozoides dentro de sus oviductos. Sin embargo, tan solo cinco o seis millones son almacenados dentro de la espermateca de la reina. La reina utiliza solo algunos de estos espermatozoides para fertilizar los huevos a lo largo de toda su vida. Pero si una reina, en algún momento de su vida, se queda sin espermatozoides, nuevas generaciones de reinas se aparean para crear nuevas colonias.

¿**Sabías que** el apareamiento entre los saltamontes puede durar desde cuarenta y cinco minutos hasta más de un día?

6. La resurrección de los muertos o la biografía de una mariposa

«En la metamorfosis de los insectos, la larva se convierte en una ninfa contenida en la crisálida, la cual, al cabo de cierto tiempo, sale de su camerino secreto convertida en hermosísima *imago*. ¿Sabe lo que es una *imago*, Clarice?»

THOMAS HARRIS, *El silencio de los corderos*

Como seguramente habrás hecho tú, yo también he criado alguna vez mariposas. Con la ayuda de mis amigos recogí una media docena de orugas en el huerto de mi casa. Luego, con mi pequeña lupa, pude tomar unas breves notas y pergeñar un dibujo de la oruga en mi cuaderno de campo, tal como había visto que hacía Félix Rodríguez de la Fuente en aquellos extraordinarios e inolvidables documentales de *El hombre y la Tierra*. Las orugas tendrían unos tres milímetros de longitud y eran de un color blanco-verdoso (excepto la cabeza, que era negra). Sin embargo, a los pocos días, como resultado de su voracidad, fueron oscureciéndose y aumentando de tamaño. Presentaban puntos blancos en cada segmento y estaban provistas de unas peludas espinas negras en el dorso del cuerpo.

Las metí en una caja de zapatos en la que previamente había hecho unos pequeños agujeros con hojas de ortigas y, aunque la temperatura posiblemente no era la más idónea, guardé la caja en el sótano de mi casa. Cada uno o dos días, al regresar del colegio, las examinaba, tomaba notas en mi cuaderno y les cambiaba las hojas. Al cabo de un par de semanas, al levantar con cuidado la tapa, en lugar de las orugas, y adheridas a uno de los lados de la caja, estaban colgados varios capullos en forma de huevo alargado. Eran las crisálidas, de color pardo-verdoso y con reflejos dorados.

No pude evitarlo. Desprendí uno de los capullos. Abrí la envoltura de la fuerte crisálida y reconocí que, en efecto, tal como me habían explicado en clase de Ciencias Naturales, el interior de aquel cuerpo estaba deshecho, parecía derretido, y el contenido era una masa informe. No era capaz de reconocer absolutamente nada.

Así quedaron las cosas durante todo el invierno, hasta que, coincidiendo con los primeros calores continuados de la primavera, al levantar la tapa de la caja salió del capullo una mariposa que, en aquel momento, me pareció la más bella que podía imaginar. En el borde externo de cada ala se dibujaban unas grandes manchas azules rodeadas de amarillo y negro, en forma de ojo. El resto de la cara superior era de color rojo intenso, con manchas negras en el borde anterior de las alas delanteras y una orla grisácea en las cuatro alas. La cara inferior de estas era casi negra, atravesada por líneas tenues más claras.

Decidí ponerla en libertad y esa misma tarde dejé la caja abierta en la huerta. Por la mañana, ante mi asombro, encontré a dos mariposas copulando; el olor de la hembra que había crecido en ella había obrado el milagro. Las mariposas permanecieron unidas un buen rato y, al cabo de un tiempo, antes de marcharse para siempre, la hembra dejó una batería de huevos en uno de los lados de la caja. Dos semanas más tarde, medio centenar de huevos habían producido otras tantas pequeñas orugas, aunque desgraciadamente no sobrevivió ninguna de ellas, a pesar de que había vuelto a dejarles abundante comida.

A los pocos días, en una enciclopedia de animales que pude consultar en la biblioteca, descubrí que la mariposa que había nacido en mi caja se llamaba «pavo real» y que su nombre científico era *Inachis io*. Se había producido esa «resurrección de los muertos» que se realiza año tras año, muchos miles de veces a nuestro alrededor y en muchos miles de especies de mariposas. Un proceso de transformación con el fin de alcanzar la fase adulta o de *imago*. Este proceso lo conocemos con el nombre de **metamorfosis**.

Ahora bien, ¿te has preguntado alguna vez el porqué de esta transformación? ¿Cuál es el sentido y el origen de la metamorfosis en los insectos? La metamorfosis es un proceso biológico mediante el cual los organismos se desarrollan desde su nacimiento hasta la etapa adulta, pasando por más o menos estadios juveniles, por medio de grandes transformaciones y remodelaciones corporales (tanto fisiológicas como morfológicas).

Existen muchos grupos de animales que se desarrollan mediante este proceso, aunque la mayoría no comparten el origen ni la naturaleza de sus transformaciones. Así, mientras que en los anfibios la metamorfosis tiene lugar mediante la remodelación de tejidos ya existentes en el cuerpo del juvenil, en los insectos se produce una rotura de los tejidos larvales y la aparición de grupos de células totalmente nuevas.

¿Se metamorfosean todos los insectos?

No. Todos los hexápodos mudan para poder crecer, pero no todos experimentan cambios radicales para alcanzar el estadio adulto, momento en el que podrán reproducirse. Así pues, podríamos dividir a los insectos en dos grandes grupos: los que realizan la metamorfosis simple o sencilla y los que la realizan completa.

La **metamorfosis simple o sencilla** se da cuando las larvas se transforman en individuo adulto de una manera continua, sin pasar por una etapa de inactividad y sin cesar de alimentarse. La **metamorfosis completa o complicada** es un proceso complejo en el que del huevo nace una larva, esta se alimenta vorazmente, pasa al estado de ninfa o pupa, durante el cual el animal deja de comer y, en la mayor parte de los casos, se inmoviliza y, cuando no es así, se encierra en una cubierta protectora sufriendo dentro de ella una reorganización morfológica y fisiológica que culmina con la formación del insecto adulto o *imago*.

El hecho de que en distintas fases de un mismo ciclo vital se exploten recursos distintos evita la competición entre organismos de una misma especie. Este hecho supone una ventaja enorme para estos organismos, motivo por el cual el desarrollo complicado podría haber tenido mayor éxito que el desarrollo directo. Cuanto más especializadas sean las distintas fases de un insecto, mayor será la probabilidad de explotar más y mejor los recursos.

Por lo tanto, igual que la aparición de las alas promovió la expansión y la diversificación de los insectos por todo el globo, la metamorfosis podría haber actuado como motor diversificador al aumentar la capacidad para explotar más y mejor los recursos.

Lo que tienen todas las mariposas en común es un ciclo vital increíble: la metamorfosis es la historia de una vida que se divide en cuatro capítulos (huevo, oruga, pupa o crisálida, y adulto). El ciclo puede ser anual o completarse a lo largo de varios años, manteniendo, en todo caso, un ritmo que permita a cada fase coincidir con las condiciones ambientales adecuadas. Es decir, el huevo ha de eclosionar cuando la planta de la que va a alimentarse la oruga haya brotado y la mariposa deberá nacer cuando aparezcan las flores de las que se alimentará.

La vida media de una mariposa dura desde veinticuatro horas a varios meses en el caso de algunas especies, por lo que no tienen tiempo para florituras: una vez que logran salir de la crisálida al mundo e ingerir los mínimos nutrientes para la supervivencia, su primera misión es buscar pareja y realizar la puesta de los huevos.

Numerosas especies reconocen con precisión el momento adecuado de cambio gracias al fotoperíodo (duración del día con respecto a la noche), que se va modificando a lo largo del año.

El control del ciclo es hormonal. Esto quiere decir que la información obtenida del exterior (iluminación, temperatura, presión atmosférica, etcétera) por las células receptoras se traduce en la liberación a la sangre de hormonas que determinan los cambios fisiológicos necesarios que marcarán la sucesión de las distintas fases.

La dura transformación de oruga en mariposa

Pero volvamos a lo que ocurrió en mi caja de zapatos. El relato de la biografía de una mariposa no empieza en ninguna fase determinada, ya que su ciclo de vida es una continua metamorfosis. Sin embargo, hemos de comenzarla en alguna etapa y, si te parece, lo haremos en la fecundación: cuando el óvulo se fusiona con el espermatozoide para formar el zigoto, instante en que queda constituido su patrimonio genético y, por lo tanto, determinadas las características del futuro individuo. Una de ellas es el sexo, que no se fija como en los mamíferos y otros animales, sino al revés. Por lo tanto, la unión de los cromosomas X e Y produce una hembra, mientras que el macho se forma con dos cromosomas X. Una vez fecundadas, las mariposas buscan la planta de la que después se alimentarán las pequeñas larvas, asegurándose, como una buena madre avispada, de que no haya más huevos en ella para que la comida sea solo de los suyos. La puesta es muy numerosa: entre unas decenas de huevos y cuatro mil en los casos extremos.[49]

La fase de huevo es muy corta. La facilidad de atraparlos (y devorarlos) por una gran cantidad de organismos (entre ellos las hormigas) es muy grande. Tienen un alto contenido en proteínas y lípidos, por lo tanto, es un alimento muy codiciado. Por ello, muchos permanecen ocultos a los depredadores en los enveses de las hojas de sus plantas nutricias, imitando en muchas ocasiones el color de estas o consiguiendo este efecto por medio de su consistencia traslúcida.

En esta fase el embrión va adquiriendo la forma de oruga, momento en que ya está preparado para salir. Para ello, con sus mandíbulas rompe y come la envoltura del huevo. Esta voracidad es lo que va a caracterizar toda la vida de la oruga, es decir, su función principal es la de alimentarse. Y no solo para crecer, sino que para acumular las reservas energéticas que va a necesitar en las fases posteriores.[50]

En esta etapa ocurre el cambio más notable de tamaño, ya que una larva que nace con apenas un milímetro se puede convertir en una jugosa oruga de cuatro centímetros, para lo que la larva ha de alimentarse sin cesar, y es por esta razón que las mariposas son consideradas plagas para los cultivos de importancia económica y constituyen un motivo de preocupación para los agricultores.

Muchas orugas poseen diseños crípticos para confundirse con el ambiente y pasar desapercibidas ante la multitud de depredadores dispuestos a lanzarse sobre ellas; algunas poseen colores muy vivos que son aviso de su toxicidad; otras se protegen con espinas, pelos urticantes o glándulas repulsivas; algunas, incluso, viven en el interior de la planta nutricia, y ciertas orugas no llegarán a mariposa.

Su mayor enemigo son las avispas parasitarias. En busca de protección y sustento para su prole, una avispa parásita, guiada por el olor característico que despide la oruga, es capaz de dar con ella por mucho que esta se esconda entre las hojas. En ese momento, la insignificante avispa perfora la blanda cutícula de la oruga e inyecta en su interior una tanda de huevos. En esa cavidad las larvas que nazcan prosperarán alimentándose de su propia guardería viva. Llegada la hora, la avispa saldrá, rompiendo la cutícula de su hospedador, y empezará a tejer el capullo de crisalidación en la superficie de la propia oruga. Una vez completada la metamorfosis, las avispas habrán alcanzado la madurez y podrán marcharse, en tanto que el hospedador –la oruga– morirá sin pasar de este estadio.

La longevidad de la oruga es variable, y puede abarcar de unos pocos días a varios meses. Cuando la oruga alcanza su pleno potencial de crecimiento, teje una alfombra de seda sobre una hoja, ramita o rama. Se suspende a sí misma y retuerce su cuerpo colgante para tomar una forma de jota.[51]

La metamorfosis que ocurre en el interior de una crisálida es, indudablemente, uno de los fenómenos naturales más dramáticos y espectaculares que existen. En esta fase de su ciclo de vida no se alimenta, no hace nada; de cara al exterior, claro, porque esta quietud es solo aparente. Dentro del casi inmóvil caparazón la actividad es frenética, se está produciendo la transformación más drástica del largo proceso de metamorfosis que comporta el ciclo vital de los lepidópteros: comienza a liberar enzimas que disuelven muchos de sus tejidos hasta convertirlos en una especie de «caldo» proteínico, pero dejando intactos algunos órganos. Solo quedan unos grupos de células denominados «discos imaginales», que serán los responsables de la regeneración de todos los tejidos que formarán los órganos del insecto adulto.

La duración de esta fase varía mucho, ya que, según las especies, puede ser de entre unos días y varios años. Cuando la mariposa ya está en avanzado estado de formación, se puede adivinar que falta poco para el nacimiento observando el colorido de las alas, que se transparentan a través de la piel de la crisálida. Aunque puede nacer en cualquier momento, no lo hará hasta que sus indicadores de fotoperíodo, temperatura y humedad le señalen que es el momento oportuno. A ellos se debe que, cuando empieza la primavera y se dan varios días seguidos de buen tiempo, se produzcan alertas masivas que llenan nuestros parques y campos de mariposas.

Cuando emerge de la crisálida, la mariposa adulta tiene las alas blandas y plegadas, por lo que debe inyectar enseguida aire y sangre (hemoglobina) por las nerviaciones alares para que se extiendan. Luego se expondrá al sol y las secará en pocas horas, dejándolas aptas para el vuelo. Y esto es lo que hará a partir de este momento, volar para dispersarse, para encontrar pareja y para huir de los depredadores.[52]

¿**Sabías que** las orugas lanudas (*Pyrrharctia isabella*) se toman muy en serio la cuestión estacional y se pasan hibernando más de dos años? Cuando terminan, se convierten en polillas e, irónicamente, no viven más de una semana y media.

7. El juego del escondite y los disfraces

«–Soy atrezo. Siempre tengo que hacer de escoba, de palo, de estaca, ¡de astilla!

–Eres un insecto palo, ¡y hace gracia!»

Diálogo de la película *Bichos*

La personalidad de la especie humana es muy compleja. La misma palabra «persona» deriva del griego y significa «máscara», y una máscara no es lo que uno es, sino una representación, verdadera o falsa, que se exhibe. Los disfraces permiten modificar nuestra realidad para realizar un sueño. El pobre se puede convertir en príncipe, el bueno, en demonio, el blanco, en negro, el tímido, en osado y el hombre, en mujer, o viceversa. Las personas encarnamos, aunque tan solo sea por unas horas, la vida de aquellos personajes que siempre nos habría gustado ser. Por lo tanto, el verdadero éxito del disfraz reside en que quien lo lleva no sea reconocido como la persona que es, sino como la deseada.

Sin embargo, en la naturaleza, el verdadero éxito del «disfraz» consiste en pasar desapercibido, en comer y no ser comido, y algunos animales han evolucionado bajo estas condiciones, adaptando tanto sus formas como sus colores para mezclarse con el entorno y así escapar con éxito de sus depredadores. Han adoptado un disfraz, pero en este caso es permanente.

La observación de la naturaleza siempre puede asombrarnos, y nunca está de más detenerse y buscar entre las hojas y la maleza. Es posible que algún día descubramos entre el follaje uno de estos curiosos insectos que basan su estrategia de vida en imitar a las hojas o a las ramas y escuchemos lo mismo que yo un día en que recorría un bosque acompañado: «¡Carlos, ven pronto! ¡Este palo se mueve!».

¿Cuándo empezó el juego del escondite?

Hace unos cien millones de años, a mediados del Cretácico, los insectos ya practicaban el camuflaje para confundirse con el entorno y poder cazar o evitar ser cazados. Esta increíble habilidad ha sido fundamental en la supervivencia y evolución de numerosas especies. Algunos insectos utilizaban artimañas asombrosas para pasar desapercibidos: recogían residuos de la naturaleza, como trozos de plantas, granos de arena o el cadáver de otros insectos, y se colocaban esos restos sobre el dorso para ocultarse. La habilidad de portar residuos «es uno de los comportamientos más fascinantes y complejos –según expresan los autores de un estudio publicado en *Proceedings of the National Academy of Sciences*–. «Sin embargo, el registro fósil de este comportamiento es sumamente escaso y solo se ha registrado un único ejemplo en ámbar del Mesozoico procedente de España».[53] Se refieren a la crisopa alucinante de Diógenes (*Hallucinochrysa diogenesi*) (neuróptero), cuyo ejemplar fosilizado en ámbar, de unos ciento diez millones de años de antigüedad, fue hallado en la localidad de Rábago, en Cantabria. La larva de crisopa aparece recubierta por unos filamentos verticales de origen vegetal mediante los cuales pasaba inadvertida.

Con el **mimetismo**, unos seres vivos consiguen parecerse a otros diferentes con los que no guardan relación, así como con su hábitat, para obtener alguna ventaja, como engañar a los sentidos de los otros animales con los que conviven. Aunque al hablar de mimetismo todos pensamos en ejemplos visuales, lo cierto es que hay ejemplos de mimetismo auditivo, olfativo o táctil. No deben confundirse. La diferencia fundamental es que el **mimetismo** consiste en que un ser vivo se asemeja a otros de su entorno y la **cripsis o camuflaje** implica que el organismo se asemeja al propio entorno.

Como ya he dicho, en un principio se consideró que el mimetismo constituía una estrategia exclusivamente visual, pero para los insectos la comunicación química suele ser más importante, y muchos depredadores escuchan furtivamente esas «conversaciones químicas» para su propio beneficio.

La gran mariposa hormiguera de lunares (*Maculinea arion*), que habita en el norte de Europa y Asia, representa un buen ejemplo. En el siglo XX la especie sufrió reducciones espectaculares en numerosas zonas, y en 1979 se extinguió en Gran Bretaña. Thomas[54] empezó a comprender el motivo: la supervivencia de la mariposa hormiguera de lunares dependía de una especie de hormiga a la que imitaba, por lo que la existencia de ambas está estrechamente entrelazada. Veamos cómo.

Las orugas de la mariposa de lunares comienzan su vida alimentándose de plantas de tomillo que crecen en las laderas calizas y cálidas, cuyo pasto ha sido recortado por ovejas, conejos y otros herbívoros, y cuando las orugas mudan por tercera vez, se dejan caer al suelo desde las plantas de tomillo y emiten una señal química que atrae a las hormigas locales, a las que engaña haciéndoles creer que pertenecen a su propia especie. Las hormigas burladas transportan a las orugas hasta su hormiguero subterráneo, donde estas se dedican a comer las larvas de las hormigas durante los diez meses siguientes, tras los cuales inician la metamorfosis y emergen del suelo como mariposas. Aunque hay varias especies de hormigas que transportan a las orugas a sus hormigueros, las orugas solo prosperan en los nidos de una especie de hormiga roja, y esta solo crece cuando la hierba de las laderas es corta, lo que permite la llegada de la luz solar que le proporciona calor. Thomas[55] dedujo que cuando el pastoreo se reducía, la hierba crecía demasiado para que pudieran vivir en ella las hormigas, y cuando estas desaparecían, también lo hacía la mariposa hormiguera de lunares. Quedaba una incógnita por resolver: las hormigas no solo toleran a las orugas que transportan hasta su hogar, sino que, además, las tratan a cuerpo de rey, matando incluso a sus propias larvas y dándoselas de comer a las orugas si el alimento escasea. Thomas precisó el motivo de este comportamiento: además de copiar la señal química de las hormigas, las orugas duplican una señal acústica reproduciendo el débil sonido de la hormiga reina, estrategia que le asegura un suministro de comida continuo.

El mimetismo acústico se observa, asimismo, en uno de los enfrentamientos clásicos de la naturaleza: la pugna entre polillas y murciélagos. Los murciélagos cazan de noche mediante ecolocación, y el método les resulta tan eficiente que las polillas se han visto obligadas a desarrollar contramedidas para sobrevivir. Igual que otras mariposas diurnas, algunas polillas obtienen sustancias químicas tóxicas de las plantas que las hacen ponzoñosas para los murciélagos, pero mientras que un insecto diurno informa de su toxicidad con una coloración de advertencia, esa estrategia no funcionará en una polilla nocturna. La mariposa gitana (*Arctia caja*) ha desarrollado una solución ingeniosa: emiten chasquidos que los murciélagos aprenden a asociar con presas desagradables.[56]

Aunque si bien es cierto que hay casos de cripsis que engañan al sentido del oído y también al del olfato (por ejemplo, el olor en algunas flores), el más común es el camuflaje de tipo visual: a menudo la forma más simple y eficiente de no llamar la atención de los depredadores es la de mantenerse totalmente inmóvil, especialmente cuando detectan la presencia de algún peligro. Un ejemplo claro es el de los insectos palo, quienes no presentan ningún tipo de movimiento y parecen, como su nombre indica, una rama o un palo. Además, la forma en que se sujetan a las ramas hace que, en caso de que sople alguna brisa, el insecto se mueva en armonía con estas, haciendo, por lo tanto, que percibir su presencia sea muy complicado.

Aunque la coloración es sin duda la forma más habitual de camuflaje visual: se la denomina homocromía y consiste en que el insecto iguala la coloración del medio en el que se encuentra para facilitar su ocultación. Este color puede ser **fijo**, adaptado a un ambiente concreto, o **cambiante**, adaptado a los cambios que se producen entre diferentes estaciones. Algunas especies son polimórficas, de manera que los individuos que crecen en un ambiente pueden ser de distinto color sin que se trate de una especie diferente. Un claro ejemplo de esto sería el de las diversas especies de mantis o de insectos palo, que pueden presentar una coloración verde, marrón o amarillenta según la vegetación en la que se encuentran.

En el cambio está la supervivencia

Nos puede parecer que, como acabamos de ver, los insectos han alcanzado el mejor procedimiento para engañar a los depredadores. Nos equivocaríamos. Este modelo puede acabar siendo identificado por los más perspicaces, como es el caso de las aves insectívoras, y es que no debemos olvidar que los depredadores también evolucionan: numerosas veces han demostrado su alta capacidad para localizar a mariposas y otros insectos bien camuflados.

Entonces, ¿qué puede hacer una mariposa que, después de millones de años, ha alcanzado ese grado de cripsis?

Una vez más, la naturaleza nos sorprende. Algunas especies han conseguido algo que no es una forma concreta, ni una coloración, ni un diseño: se trata de mantener un **alto grado de variabilidad** dentro de la misma especie, de manera que cada ejemplar es realmente distinto a los demás.[57]

El **aposematismo** no es un tipo de mimetismo, sino que más bien consiste en adoptar determinados rasgos que, en muchas ocasiones, pueden resultar altamente llamativos, pero que, sin embargo, funcionan como señales de advertencia.

La vida en la naturaleza, la vida salvaje, está plagada de peligros y de potenciales enemigos de los que huir. En mariposas, el aposematismo es frecuente tanto en el estado adulto como en el de larva u oruga: la oruga de la mariposa tigre oriental (*Papilio glaucus*) posee en su tórax unas manchas con forma de ojos que le dan aspecto de serpiente. En la pupa de esa especie se constata también el fenómeno de camuflaje, dado que se asemeja a una rama quebrada. Otras orugas presentan colores llamativos, como la de la macaón o cola de golondrina (*Papilio machaon*), con la intención de, a pesar de ser totalmente inofensivas, engañar con sus colores dando a entender que pueden ser tóxicas o de sabor desagradable, en un claro ejemplo de **mimetismo batesiano**, denominado así en honor a Henry Walter Bates, quien se percató de que en ocasiones una especie inofensiva se asemeja a otra peligrosa para hacer que los depredadores pierdan el interés por ella.

Uno de los ejemplos visualmente más llamativos de este tipo de mimetismo es el caso de las moscas, especialmente las de las familias *Syrphidae* y *Bombyliidae*: los sírfidos o «moscas cernidoras» adquieren coloraciones vistosas similares a las de las avispas, abejas e, incluso, abejorros. Sus colores amarillos y blancos sobre fondos negros recuerdan a peligrosos himenópteros e infunden terror a ojos de inexpertos.

Otra familia que ejemplifica perfectamente el mimetismo batesiano es la de los bombílidos. Estas moscas presentan una coloración oscura que se asemeja a la de algunas abejas y abejorros y, de hecho, en inglés son conocidas como *bee-flies* (en español: moscas-abeja). Con más de cinco mil especies en todo el mundo, sus larvas son feroces parasitoides (viven dentro de sus presas y se alimentan de ellas hasta causarles la muerte) de otros artrópodos y principalmente himenópteros, como abejas y avispas. Es curioso cómo las larvas de bombílidos se alimentan de aquellas especies peligrosas a los que los adultos imitan, pero así es la naturaleza, nunca deja de asombrarnos.

Pero, hablando de camuflajes, pocos son tan perfectos como los de las orugas de una polilla de Centroamérica (*Hemeroplanes triptolemus*), pues el final de su abdomen se transforma en una exquisita réplica de la cabeza de una serpiente cuando se sienten amenazadas. Su aspecto habitual, cuando están tranquilas, es de lo más vulgar: no miden más de ocho centímetros y medio de longitud y son de un tono apagado entre verde y marrón. De esta guisa pasan los días, comiendo hojas de una especie de enredadera. La transformación sucede cuando se sienten en peligro: hinchan el final de su cuerpo y en un santiamén adquieren el asombroso aspecto de un ofidio y, para ganar realismo, balancean la falsa cabeza de serpiente con actitud amenazante.

El mimetismo mülleriano (en honor a Fritz Müller, zoólogo alemán) establece que los animales con este tipo de mimetismo a menudo combinan su aspecto físico con la propiedad que precisamente los defiende frente a sus depredadores: mal sabor, toxicidad... De esta manera, el depredador aprende, ya que la capacidad de evitar a estos animales no es innata en ninguno de los depredadores; además, si dos especies son parecidas, este depredador no se acercará a ninguna de ellas a pesar de que solo una sea desagradable.

¿**Sabías que** los chasquidos de la polilla nocturna (*Bertholdia trigona*) desorganizan el mecanismo de ecolocación de los murciélagos? Se trata de una verdadera interferencia de radar, comparable a la de los modernos aviones de combate.[58]

8. Las mariposas viajeras

> «La mariposa no cuenta meses, sino momentos, y tiene tiempo suficiente.»
>
> RABINDRANATH TAGORE

Además del frío, la nieve, las botas o los resfriados, otro signo de que se acerca el invierno lo encontramos en los faros o el parabrisas del coche, que dejan de convertirse en un triste cementerio de insectos después de cualquier viaje por una carretera secundaria, porque... ¿dónde están los bichos en invierno?

Tal vez a esta pregunta responderíamos que, sencillamente, mueren congelados. Pero nos equivocaríamos.

La estrategia más común de los insectos para sobrevivir al invierno es la hibernación, ya sea como huevos, larvas, pupas o adultos. Esta forma de hibernación se conoce como diapausa y, en algunas especies, puede prolongarse hasta extremos asombrosos. Así, por ejemplo, una pequeña polilla del sur de Estados Unidos llamada *Prodoxus inversus* puede hibernar en estado de crisálida hasta diecinueve años.

Pero la diapausa no es la única manera que tienen los insectos de salvar la estación fría. Muchas especies emigran, y algunas de estas migraciones son extremadamente abundantes e importantes, aunque es raro, sin embargo, que muestren las características de especies como las aves. Los vuelos masivos de las aves son esencialmente de ida y vuelta entre un hogar de invierno, donde se alimentan, y otro de verano, en el cual tiene lugar la reproducción. Pero, a diferencia de las aves, que regresan al punto de partida cada ciclo migratorio, raros son los insectos que cierran el circuito. La mayoría se reproduce a lo largo del camino y cubre una ruta a lo largo de varias generaciones. Así, el individuo que regresa al punto de partida del ciclo migratorio habrá de ser un descendiente de segunda o tercera generación del que lo inició.

Este es uno de los aspectos más fascinantes de la migración de los insectos, ya que, a diferencia de las aves, no conocen el camino, no lo han recorrido antes y es probable que no lleguen a completarlo ni siquiera en una dirección. ¿Cómo puede la libélula *Pantala flavescens* recorrer quince mil kilómetros entre la India y el este de África? Resulta sorprendente que individuos tan pequeños y livianos puedan realizar estas asombrosas proezas.

Pero si el fenómeno de la migración resulta fascinante, y es relativamente bien conocido en aves, peces y mamíferos, en insectos resulta sencillamente asombroso. Casi tres billones y medio de bichos vuelan cada año sobre las cabezas de los habitantes del sur de Inglaterra, el lugar donde Chapman[59] ha llevado a cabo un extenso estudio de la migración de los insectos durante casi una década.

A pesar de ser pequeños y livianos, sus números son tales que a veces su biomasa es mayor que la de algunos vertebrados migratorios. Así, por ejemplo, los datos nos hablan de un total de unas tres mil doscientas toneladas de seres de seis patas, en comparación con las más de siete veces el peso de los treinta millones de aves que cada otoño vuelan desde el Reino Unido hacia África. Y, por ejemplo, un enjambre de la libélula *Aeshna bonariensis*, que migra en manchas de cuatro mil a seis mil millones, pesa cuatro mil toneladas. En comparación, la garza canadiense (*Grus canadensis*), que migra en Norteamérica en bandadas de cuatrocientos cincuenta mil ejemplares, suma menos de mil quinientas toneladas.

Sin embargo, el campeón de los insectos es la langosta, que alcanza la cifra de cien mil millones de individuos que migran entre África, Oriente Medio y Asia y cuya biomasa sobrepasa las doscientas mil toneladas.

Maneras de migrar

Las migraciones de insectos se producen a gran altura, por encima de los ciento cincuenta metros, y el setenta por ciento se lleva a cabo el durante el día. Los migrantes diurnos son, sobre todo, mariposas, mariquitas, otros escarabajos, sírfidos (moscas cernidoras) y pulgones alados de los cereales, mientras que la noche pertenece a las crisopas, polillas, moscas y mosquitos.

Según describe Chapman, este masivo desplazamiento no es, definitivamente, lo que el viento se llevó: las tres mil doscientas toneladas que vuelan hacia el sur en otoño regresan al norte en primavera. Puede haber una diferencia anual de doscientas toneladas arriba o abajo, pero al acabar el período de estudio de diez años las diferencias se equiparan, con lo que el balance final conserva una constancia pasmosa.

El estudio revela también que las migraciones son mayores en días cálidos con poco viento en la superficie, aunque los insectos más grandes aprovechan sabiamente los vientos favorables para viajar en la dirección deseada. Chapman y sus colaboradores han descubierto que durante el día el viento en superficie y en altura se mueve en el mismo sentido, así que los insectos pueden comprobar la dirección del aire a ras de suelo para saber si a gran altura podrán viajar hacia donde quieran con viento de cola. Esto no ocurre de noche, por lo que los insectos nocturnos deben emplear otros sistemas para saber hacia dónde corre el viento en altura.

Esto último plantea una de las grandes incógnitas sobre las migraciones: **¿cómo se guían los insectos?**

Se sabe que tienen un programa genético que dicta una dirección migratoria preferente, la cual debe invertirse (norte-sur o sur-norte) en algún momento del año. Vuelan en la dirección preferida con referencia a una brújula interna. Sabemos que los diurnos usan una brújula solar, pero todavía no se ha descubierto cómo lo hacen los nocturnos. Este hecho es aún más sorprendente teniendo en cuenta que, a diferencia de las aves, los insectos que vuelven no son los mismos que los que se fueron, sino sus hijos: los emigrantes siempre son novatos.[60]

El viaje de la mariposa monarca

Una de las más asombrosas migraciones es la de la mariposa monarca (*Danaus plexippus*), que ha llamado poderosamente la atención de profanos e investigadores y es, probablemente, una de las más observadas, fotografiadas, investigadas y citadas de la bibliografía científica por su belleza y su capacidad migratoria y biológica.[61]

Es inaudito que estos insectos puedan viajar entre dos mil y cuatro mil quinientos kilómetros de ida y otros tantos de regreso y, según las condiciones del viento, se desplacen a velocidades de entre diez y veinte kilómetros por hora. Alegres, silenciosas, despreocupadas y majestuosas, avanzan entre ochenta y cinco y cien kilómetros diarios en jornadas de seis a ocho horas. No parecen un portento de la aerodinámica, su aleteo no es espectacular, ni tampoco su manera de planear, aprovechando alguna corriente de aire. Pueden volar en grupos numerosos, pero muchas de ellas navegan solas; lo mismo se las ve a ras del suelo que a alturas superiores a los cien metros, y ni siquiera anuncian su presencia de forma especial, como muchas de las aves migratorias, las nubes de langostas o los enjambres de abejas.[62]

Al igual que diferentes especies de vertebrados (aves, mamíferos...), la mariposa monarca de Canadá y Estados Unidos migra a sitios donde las condiciones climáticas son menos extremas. Los inviernos son demasiado fríos en sus lugares de reproducción y no podrían soportar las intensas nevadas ni la falta de plantas de las que se alimentan sus larvas. Por ello, la monarca hace su viaje migratorio en otoño hacia el sur, donde tiene mayores probabilidades de sobrevivir, y regresa a los sitios de reproducción al norte del continente americano para dar lugar a las próximas generaciones de adultos reproductivos que completarán su ciclo anual.

Pero detallémoslo un poco más: la vida de la mariposa monarca comienza en una planta llamada asclepia, donde realiza la puesta. Su historia continúa después de cuatro a doce días, cuando emerge una oruga que se alimenta de la misma planta en la que nació y sobre la que se desarrolla hasta convertirse en un fuerte adulto alado.

Se estima que las mariposas monarcas adultas viven de cuatro a cinco semanas en las generaciones que nacen durante la primavera y el verano (que pasarán toda su vida en el norte); sin embargo, las generaciones que nacen en septiembre o principios de octubre dan origen a los adultos de invierno, cuyo período de vida se incrementa de seis a siete meses. La disminución de la temperatura y de los períodos de luz solar determinan que retrasen su madurez sexual y entren en una pausa reproductiva. Es en este tiempo cuando comienza la ruta de la mariposa monarca, y lo hace de forma dispersa: una población parte del oeste de Estados Unidos hacia las costas de California y otra sale del noreste de Estados Unidos y el sureste de Canadá y migra hacia el sur del continente. Estas últimas constituyen la llamada «generación migratoria» y son la que llegan año tras año a la Reserva de la Biosfera de la Mariposa Monarca en México. Las monarcas penetran en este país a lo largo de una amplia franja de aproximadamente quinientos kilómetros que abarca desde Chihuahua y Coahuila hasta Nuevo Laredo, en Tamaulipas. Atraviesan una buena porción del desierto de Chihuahua y zonas áridas del altiplano central, donde son capaces de localizar manchones de vegetación que utilizan como lugares de descanso. En el resto de su recorrido las monarcas se detienen en diferentes áreas naturales protegidas.

Para su desplazamiento utilizan principalmente cañadas y cañones, ya que aprovechan las corrientes de viento que ahí se originan; de esta forma evitan en lo posible atravesar grandes espacios abiertos, lo que les permite un mayor desplazamiento con menor esfuerzo.

La temporada de la mariposa monarca y su llegada al hábitat de invierno (la reserva de la biosfera) se inicia durante los últimos días de octubre y allí se establecen agrupaciones numerosas o colonias hibernantes que permanecen hasta los primeros meses del año siguiente (mediados de marzo), cuando ya comienzan a subir las temperaturas. Es entonces cuando las monarcas interrumpen su pausa para madurar sexualmente y comienzan a aparearse para después regresar hacia los territorios del norte del continente.

Desde el inicio de la dispersión, y desde su punto de partida hasta su establecimiento en su hábitat de primavera y verano, básicamente se suceden alrededor de cinco generaciones diferentes de mariposas, de las cuales la última eclosionará entre septiembre y principios de octubre y constituirá la nueva generación que repetirá la maravillosa migración hacia los territorios del sur.

¿**Sabías que** la mariposa monarca aletea de 300 a 720 veces por minuto?

9. Esas extrañas viviendas

«El arquitecto del futuro se basará en la imitación de la naturaleza, porque es la forma más racional, duradera y económica de todos los métodos.»

ANTONIO GAUDÍ

Todos somos testigos, directa o indirectamente, a través de los diferentes medios de comunicación, de las grandes obras arquitectónicas que ha construido el hombre a lo largo de los siglos: palacios, catedrales, esculturas gigantes, puentes, pirámides, edificios desde los que se pueden observar urbes enteras... Nuestros métodos y estilos de construcción han evolucionado a la par que las nuevas tecnologías. Sin embargo, no somos la única especie capaz de edificar fortalezas para resguardarnos y proveernos de un techo.

Las hormigas, las abejas, las termitas y los escarabajos viven en comunidades tan grandes que les resulta esencial contar con un cobijo donde puedan guardar su comida y resguardarse del tiempo y de los depredadores. No precisan pesadas barras de acero, enormes grúas, camiones o toneladas de cemento para edificar refugios fuertes y resistentes, les es suficiente con los materiales que existen en la naturaleza: ramas, tierra, cera y su saliva. Las perfectas celdillas hexagonales construidas por las abejas o las avispas son solo el símbolo más atractivo. Hechas de papel o de barro de alfarería (dominado a la perfección por las avispas alfareras), de vegetales o minerales, las obras de estos seres son siempre elegantes y perfectas. Nidos ensamblados rápidamente, constantemente remodelados y reciclados, exquisitamente a tono con su medioambiente, los suyos son hogares lógicos y admirables que prueban que el humano no es el único ser capaz de crear estructuras resistentes y hermosas.

Si le preguntamos a un entomólogo qué es lo que más le apasiona de las abejas o de las termitas, posiblemente responda que su vida social, lo cual no es extraño. Me arriesgo a afirmar que ninguna otra especie animal (con la excepción de la humana) ha sido objeto de un número tan elevado de estudios y proyectos de investigación. Ahora bien, hay un aspecto que se menciona menos, pero que resulta igualmente fascinante: la capacidad de los insectos sociales para construir nidos extraordinariamente elaborados.[63] Es posible que en algún rincón de nuestras casas o jardines hayamos reparado en alguno de estos nidos o los hayamos visto en los medios de comunicación, como ha ocurrido con los del avispón asiático (*Vespa velutina*), que, al margen de otras consideraciones (e implicaciones), resultan asombrosos. Otros refugios igualmente extraordinarios son las enormes catedrales de las termitas de la sabana, torres defensivas que albergan verdaderas ciudades organizadas.

¿Cómo surgió el nido?

La estructura de los nidos de los insectos sociales y el comportamiento de sus constructores continúa siendo motivo de sorpresa para los estudiosos del tema, que, ante la complejidad de los nidos de las termitas, de las hormigas o de las avispas, se preguntan: ¿cómo es posible que insectos de comportamientos tan simples puedan construir estructuras tan complejas?

Desde hace poco tiempo se sabe que las abejas evalúan la dimensión de un agujero antes de decidir la construcción de un nido y que previenen a sus congéneres cuando reducen el grosor de una pared de cera a la medida requerida (0,073 mm). Sabemos también que los termiteros poseen alojamientos muy elaborados dotados de un sistema que regula la temperatura y la humedad interna, pero aún hay muchas incógnitas por resolver: el comportamiento constructor de muchas especies, los materiales empleados y sus propiedades, la arquitectura de los nidos, etcétera.[64]

En algunas abejas sociales, los nidos tienen una arquitectura muy elaborada: albergan celdas de incubación reunidas en panales y destinadas a larvas, depósitos para conservar el polen y el néctar, así como una pared protectora. Esta estructura surgió probablemente de algo más simple: un nido formado por algunas celdas independientes construidas por una abeja solitaria. También pudo haber otro mecanismo que originara una novedad arquitectónica: el descubrimiento de nuevos materiales. Así, por ejemplo, los nidos de las especies de la abeja *Meliponini* están fabricados básicamente con cera, pero algunas partes contienen resinas vegetales y tierra. Sin embargo, los antepasados solitarios de estas abejas no utilizaban cera.[65]

La colmena y la compleja organización social de las abejas melíferas que la habitan constituyen, para la mayoría de las personas, la característica distintiva de la vida de las abejas. La verdad es bien otra: más del 85 % de las aproximadamente veinte mil especies de abejas no son sociales, sino solitarias. Las hembras han de valerse por sus propios medios para hallar un macho con el que aparearse, construir un nido con unas diez celdillas de incubación, aprovisionarlas con alimento para las crías y depositar un huevo en cada una de ellas.

Cómo avispas y abejas se volvieron sociales

En el sistema primitivo no existía ningún nido: la avispa detectaba una presa (por ejemplo, una araña), la paralizaba, depositaba un huevo en su interior y se iba. En una etapa siguiente, la avispa se adueñaba de un agujero, acorralaba a una presa en él, la paralizaba, ponía su huevo y también modificaba esa cavidad, en la que se instalaba con el fin de proteger mejor a la larva. Este es el primer esbozo de la construcción de un nido. Seguidamente, la avispa llegaba a ser capaz de horadar su propio agujero, capturar a su presa y transportarla al nido. Para ello hacía falta que la avispa pudiera volver a encontrar su nido. Esta aptitud, que es un elemento esencial para la vida social, fue la base para la evolución que conduce a la sociabilidad. Es la primera de una serie de preadaptaciones significativas de entre las cuales, para la construcción de nidos, la más importante fue el reemplazamiento de la captura de una presa importante por la de presas más pequeñas en función de las necesidades de la larva. Es decir, este aprovisionamiento fragmentado constituye el paso previo a la cría simultánea de varias larvas. Fue entonces cuando la avispa comprendió que debía construir progresivamente celdas para larvas y ampliarlas a medida que las larvas se desarrollaban. Paralelamente, apareció la cooperación entre adultos: en el momento en que una segunda avispa emergía del nido ya podía colaborar en las distintas tareas comunes de construcción y avituallamiento.[66]

Entonces, ¿la construcción de los nidos ha ayudado a los insectos solitarios a convertirse en sociales? Con la construcción de nidos, las avispas solitarias se protegieron de los vaivenes del medioambiente. Este crecimiento favoreció la vida social, lo que, en consecuencia, estimuló la construcción de nidos.

Parece que hay otro elemento que ha desempeñado un papel importante en la evolución del comportamiento de los constructores: se trata, como ya he dicho, de los materiales utilizados en la edificación de los nidos. Posiblemente, la utilización de nuevos materiales pudo reducir el coste del nido y el mejor almacenamiento de la miel. La cera es un material idóneo para el almacenamiento de un alimento líquido.

Los primeros nidos de avispas y abejas solitarias eran simples agujeros en el suelo. Algunos insectos, antes de empezar a agujerear, humidificaban la tierra para ablandarla. Las abejas que anidan en el suelo suelen disponer de mucho espacio para instalar sus habitáculos. Sin embargo, se enfrentan al problema de proteger durante mucho tiempo la provisión de miel y polen que han acumulado para la nutrición de su prole de la humedad y de la gran cantidad y variedad de organismos que habitan el suelo. Para ello, la gran mayoría de las especies tapizan sus celdillas subterráneas con secreciones impermeables antes de aprovisionarlas. La mayoría de las abejas solitarias vuelan durante el día, recolectan provisiones, depositan un huevo por la tarde, sellan la celdilla y empiezan a excavar una nueva cámara al atardecer.

La avispa alfarera: una excelente artesana

Todos hemos reparado en algún momento en las diferentes clases de avispas que merodean por las charcas y las zonas húmedas del campo. No es que tengan sed, están buscando barro para construir sus nidos y adherirlos a una ramilla, a las paredes, ocultarlos en taludes arenosos o en la roca. Y no sirve cualquier barro. Para lograr sus propósitos, la hembra de avispa debe encontrar un material de la mejor calidad, con su grado justo de humedad y consistencia; es por eso que da vueltas y vueltas hasta descubrirlo. Cuando lo halla, la avispa se afana entonces en recoger pequeñas bolitas de barro que transporta hasta el lugar elegido para construir su cámara de cría, una peculiar obra de arte, y es que la avispa alfarera (*Eumeninae*) pone en práctica la misma estrategia que los artesanos humanos para la elaboración de recipientes: una a una, las pequeñas bolas de barro se van transformando en filetes estilizados que cementa con su propia saliva y que se superponen dando forma al habitáculo. Con sus patas comprueba que el grosor de la pared es uniforme a la vez que agita el material de obra de la misma forma que los albañiles humanos remueven el hormigón. Y así, un viaje tras otro, incansable.

Para terminar su delicado jarroncillo, la avispa alfarera lo cierra con una elegante y estrecha embocadura a modo de labio. Tras esperar unas horas para que las paredes de la vasija se sequen, deposita un pequeño huevo que deja colgando del techo, junto a la entrada. A continuación, rellena el interior con los cuerpos de orugas, aunque en realidad no se trata de cadáveres, sino de cuerpos paralizados por el veneno de su aguijón. En ese momento sella la cámara de cría y despensa con una capa más de barro. Y solo entonces, tras terminar su obra, se aleja volando para construir otra vasija.

La avispa alfarera fabrica de diez a quince nidos a lo largo de su vida, pero ¿qué ocurre en el interior de estos?

Pasado el tiempo, cuando el huevo eclosiona, la larva se encuentra con que tiene a mano una apetitosa despensa que no tarda en devorar. Tras una larga metamorfosis, se transforma en una pupa a la espera de convertirse de adulto en avispa alfarera. Su objetivo ahora es salir de lo que ha sido una estrecha cámara de cría y, para ello, solo tendrá que excavar pacientemente la capa de barro que la protegía. Esto ocurre en verano. Y ya está, el ciclo de la vida, una vez más, se ha cerrado.

Los muchos porqués de un avispero

Acababa de dejar de llover en el monte Alba y la ladera desde la que se divisa la ría de Vigo estaba cubierta de brezos y otras muchas especies de plantas en floración. Con los rayos del sol muchos insectos empezaban a salir de sus refugios en busca de néctar y polen. Era una de mis primeras salidas al campo como «aprendiz» de entomólogo. Caminaba por un estrecho sendero rodeado de brezales y, al pasar junto a un viejo molino de agua, vi bajo el alero de su tejado algo que colgaba como una campana. Llamé al profesor que nos guiaba en aquella excursión, nos acercamos y este nos explicó que se trataba del nido de un himenóptero, de la *Polistes* (avispa), y que estas suelen construirlos en lugares protegidos como, por ejemplo, debajo y dentro de los aleros, en los áticos y en los huecos de las paredes y en muchas otras áreas cerradas.

No pude dejar de admirar aquellas perfectas estructuras hexagonales y la consistencia del nido. ¿Cómo lo harían? ¿Por qué aquella estructura hexagonal y no, por ejemplo, una circular o cuadrada?

Para responder a todas estas preguntas hay que conocer bien el ciclo vital de esta especie:

A comienzos de primavera, la reina entra en actividad, y lo primero que hará es buscar un buen lugar donde construir su panal. Para ello elegirá un lugar protegido de la lluvia y el viento, pero bien soleado, y será necesaria también la presencia de agua y madera, que usará para elaborar con sus fuertes mandíbulas, como veremos a continuación, pasta de papel.

Sí, has leído bien, el proceso de fabricación del nido incluye dos fases: una primera que transcurre más o menos lejos del lugar de nidificación (hasta quinientos metros), en que la avispa roe con sus potentes mandíbulas algún material leñoso para elaborar, junto a su saliva, la pasta de celulosa con la que construir el avispero o panal, y una segunda fase en la que, una vez encontrado un lugar idóneo para la nidificación, se dedica a ir dando forma al avispero con la pasta de celulosa previamente preparada. El panal se construye sobre un pedúnculo que se fija sobre un sustrato rígido, como el alero de un tejado, una rama, etcétera; a continuación, la reina empieza a construir un pequeño molde hacia abajo, con celdas hexagonales que forman el cuerpo principal, que se usa para reproducirse. Cuando la reina termina la primera celda debajo del peciolo, añade otras seis a su alrededor, y continúa así hasta que el avispero tiene el tamaño de una castaña. Dentro de cada celda la reina pone un huevo para que nazcan hembras obreras.

Cuando nacen estas larvas, la reina deja de construir el avispero y pasa más o menos un mes cuidando a las pequeñas avispas, hasta que tienen el tamaño suficiente para defenderse solas. Las jóvenes avispas se convierten entonces en obreras y siguen con la construcción.

¿Por qué tienen forma hexagonal las celdillas?

Esta exquisitez de diseño sorprendió al ser humano desde la Antigüedad por la perfección de su geometría y ha dado lugar a curiosos debates matemáticos. Sabemos que cada celda hexagonal es el habitáculo en el que se desarrolla un nuevo miembro de la comunidad o un recipiente en el que se almacena cierta cantidad de miel o polen y, de entre todas las formas posibles, la estructura hexagonal es la que ofrece una mejor combinación de mayor aprovechamiento del espacio, ahorro energético y resistencia porque, aunque el círculo es el que ofrece una mejor relación área-perímetro como figura individual, la forma hexagonal evita los espacios muertos y es la que ofrece el mejor volumen de almacenaje con el menor gasto de material. Además, los fondos de las celdas no son planos, sino que están formados por tres rombos que encajan en un ángulo preciso, de manera que se imbrican perfectamente con la lámina de la celdilla adyacente que mira hacia el otro lado, lo que confiere, a estas obras maestras de la ingeniería animal, mayor resistencia a la estructura y una mejor adaptación a la forma redondeada de las larvas.

¿Cómo deciden las abejas dónde construir sus nidos?
En el caso de las especies de abeja melífera, la elección de un refugio adecuado constituye una de las primeras tareas que acometer por toda nueva colonia que se funde, y en la naturaleza los lugares preferidos son las cavidades de los árboles.

La reina más fuerte hereda la colmena establecida. Como preparación de su viaje y en previsión de sus futuras necesidades, las abejas que componen el enjambre se habrán llenado previamente el buche de miel, lo cual las proveerá no solo de alimento para su nueva casa, sino de material de construcción, ya que es esa miel la que les permitirá generar la cera necesaria para construir los nuevos panales. La formación de la enjambrazón sigue a un período de intensa reproducción que aumenta notablemente la población de la colmena y sirve de estímulo para que empiece la cría de nuevas reinas hijas. Cuando esta se halla muy adelantada, y antes incluso de que nazca su primera reina hija, la madre reina emigra con casi la mitad de la colonia.

Arrancando en un vuelo corto, la vieja reina sale en alocado vuelo con su comitiva, como desparramándose de la colmena. Apenas ha recorrido el enjambre unas docenas de metros, se posa sobre algún objeto (por ejemplo, una rama o arbusto). Al cabo de poco tiempo, las exploradoras parten en todas direcciones a la búsqueda de un nuevo hogar, en un vuelo de reconocimiento que no se extiende más allá de unos pocos kilómetros a la redonda.

Una vez seleccionado el nuevo emplazamiento de la colmena, las exploradoras vuelan en zigzag, de un lado a otro del enjambre, produciendo zumbidos con las alas. Y así, de retorno al enjambre, estas abejas exploradoras comunicarán a las demás abejas la ubicación del alojamiento que han encontrado, pero el lugar elegido para instalarse de forma definitiva lo será por una especie de «votación popular», en la que el mayor número de visitas es el factor decisivo para elegir uno u otro de entre los alojamientos que puedan proponer las exploradoras, ya que no debemos olvidar que han partido muchas y en muy diversas direcciones.

En los minutos inmediatos al despegue de las exploradoras, estas se concentran en torno al enjambre y se abren paso trabajosamente por el racimo, vibrando las alas y perforando la cerrada malla de abejas. Un alborotado murmullo emana del racimo, mezcla de zumbidos profundos y agudos sonidos, y alcanza su clímax cuando la sólida superficie del enjambre parece fundirse y las cadenas de abejas comienzan a deshacerse. De inmediato, el enjambre inicia el vuelo y, cuando se va acercando al punto escogido, las exploradoras indican que se detenga. Las abejas van cayendo de la nube y se posan a la entrada del habitáculo (un agujero en un tronco, por ejemplo), donde liberan una feromona de congregación segregada por una glándula situada en la parte inferior de su abdomen. La feromona marca la entrada de la colmena y, ante su estímulo, las abejas restantes se precipitan en la cavidad. Antes de que transcurran muchas horas ya se las ve limpiando, construyendo panales y volando para libar néctar y polen. Es entonces cuando ha quedado establecida una nueva colonia.[67]

¿Qué entienden las abejas exploradoras por alojamiento ideal? ¿Cómo sopesan sus características?

Los trabajos experimentales de Seeley[68] permiten establecer algunas características generales que llevan a considerar que las abejas muestran preferencias por las siguientes variables: volumen de la cavidad, altura de la entrada sobre el suelo, orientación de la entrada y presencia de panales en la cavidad. Evitan huecos con un volumen inferior a diez litros o superior a cien litros, ya que una cavidad angosta no proporciona espacio suficiente para el almacenamiento de la miel, pero una demasiado grande resulta difícil de calentar en los meses fríos.

Escogen una entrada que no supere los cincuenta centímetros cuadrados, situada al menos a dos metros sobre el nivel del suelo y orientada al sur, y esto es así porque una entrada pequeña se guarda mejor y ayuda a aislarse del exterior. Las aberturas en lo alto, por su parte, resultan inaccesibles a los depredadores y la orientación al sur proporciona calor.

Y es que, como se ve, tanto avispas como abejas, como buenas arquitectas que son, parecen tener muy claras las necesidades de sus viviendas.

¿**Sabías que** un termitero puede medir ocho metros de altura, pesar varios centenares de toneladas y estar construido por insectos cuyo peso no excede unos pocos miligramos?

10. La ciudad de las hormigas

«Claro que las hormigas son distintas. Tienen una obra de ingeniería maravillosa y perdurable en la cual trabajar: el hormiguero.»

FIÓDOR DOSTOYEVSKI

Desde la fábula de Esopo hasta la de La Fontaine, la hormiga ha sido el más calumniado de los insectos. Opuesta a la cigarra, se la convirtió en símbolo de la mezquindad y de la tacañería, hasta el punto de que, para rehabilitarla y hacerle justicia, ha sido necesaria la defensa de una larga lista de ilustres mirmecólogos. Hoy esta cuestión parece clara: la hormiga es uno de los seres más nobles, valientes y altruistas que viven en el planeta. En el hormiguero, el gobierno y el orden están mejor equilibrados y son más estables que en la colmena, sujeta cada año a dificultades de índole doméstica o matrimonial que ponen en peligro su porvenir y riquezas. Por su parte, entre las termitas las bodas celebradas resultan extremadamente costosas para la comunidad y dan lugar en ocasiones a que el enemigo pueda forzar las puertas del termitero. Sin embargo, en el mundo de las hormigas, los vuelos nupciales, durante los cuales los machos se encuentran con las hembras para fecundarlas, resultan menos aparatosos y son más económicos.

La vivienda de las hormigas, por su parte, no tiene el esplendor del palacio de las abejas ni las formidables dimensiones o la granítica solidez de la ciudadela de las termitas, y es que la arquitectura de las hormigas es multiforme, como su cuerpo y sus costumbres. De acuerdo con esto podría ser de esperar que encontráramos una gran variedad de diseños de sus hormigueros, quizá tantos como especies de hormigas, pero la realidad es que todos derivan de cuatro o cinco tipos principales.[69]

Hormigas caseras y hormigas errantes

Lo más habitual es que los hormigueros se ubiquen en el suelo, dejando en ocasiones externamente un pequeño montículo que delata la existencia de toda una sociedad en su interior. Pero, ojo, el suelo no es el único sustrato utilizado por las hormigas para instalar sus sociedades: existen especies tropicales que no tienen un espacio físico fijo en el que instalar su colonia y que viven al aire libre, deambulando permanentemente por el suelo de la selva y ubicando el grueso de su sociedad (reina, larvas, alimento, jóvenes, etcétera) en vivacs improvisados al pie de un gran árbol, entre raíces aéreas o bajo grandes ramas y troncos caídos. Este emplazamiento puede ser abandonado al poco tiempo, y entonces toda la colonia se muda a otro punto, a veces a varios cientos de metros del emplazamiento anterior. Es lo que ocurre, por ejemplo, con las famosas hormigas conocidas como «amazonas» (especies del género *Polyergus*), muy visibles por sus columnas, integradas por numerosas obreras y flanqueadas por soldados, que recorren sin obstáculos la selva, hasta el punto de que incluso son capaces de superar pequeños ríos o grandes resaltes fabricando puentes colgantes entrelazando sus propios cuerpos.[70]

La estructura de un hormiguero

Otras especies, por el contrario, sí tienen vivienda fija. Entre los hormigueros situados en el suelo, quizá los más comunes, los hay que se instalan sobre su superficie o bien los que los construyen en el subsuelo.

Las hormigas rojas de los bosques son un buen ejemplo del primer caso: construyen el hormiguero reuniendo y amontonando las acículas, pequeñas ramitas, briznas..., y con ellas van fabricando un dolmen o cúmulo en cuyo interior edifican una compleja red de galerías y cámaras. La finalidad de estas cúpulas es retener el calor: sus empinadas paredes «atrapan», por así decirlo, los bajos rayos solares de la mañana y de la tarde, con lo que se calientan considerablemente incluso en esas horas frías del día. Las obreras están a la expectativa y se preocupan de mudar a tiempo a la prole, de tal modo que el calor acelere el desarrollo. Además de esto, las hormigas utilizan otra forma muy original de regular la temperatura: cuando el cielo está despejado, se tienden perezosamente por millares sobre la superficie del nido para tomar el sol. Cuando se han calentado bien, convertidas en estufas vivientes, entran corriendo en el nido y van repartiendo calor allí donde es necesario.

Solo una parte de las hormigas vive bajo tierra o construye domos por encima del nido subterráneo. La mayoría de las veces, las hormigas se ubican en los primeros centímetros del suelo, sin penetrar en profundidad, y en otros casos lo hacen en su interior. En el primer caso, los hormigueros suelen ser un complejo entramado de galerías y cámaras paralelas entre sí en las que no se pueden distinguir diferentes funciones, porque todas pueden servir para todo: almacenar alimento, desechos y ubicar las larvas, ya sean obreras o reinas. Estos hormigueros suelen ser propios de especies que viven en zonas muy húmedas o con el nivel freático relativamente superficial, como es el caso de las especies del género *Myrmica*.

En el segundo caso, el más estándar, podemos distinguir dos zonas diferentes en diseño y función: unas galerías superficiales y horizontales que pueden ocupar una anchura total de unos veinte o treinta centímetros, según las especies, de las cuales parten una o varias verticales en las que se van abriendo, de forma más o menos regular, las cámaras, a veces ligeramente desplazadas de la vertical o, en ocasiones, como dilataciones de esa galería vertical. Estas cámaras suelen tener forma ovoide, con el suelo plano y alisado, lo que pone de manifiesto que el hormiguero no es únicamente un orificio en el suelo, sino que es un espacio cuidado y mantenido con esmero. La longitud de estas galerías verticales depende de la especie o, mejor dicho, de la población a la que puede llegar una determinada especie. Así, por ejemplo, en nuestras latitudes, el género *Cataglyphis* puede llegar a profundidades habitualmente de entre uno y dos metros, dependiendo del número de individuos y de la dureza del suelo.[71]

Estas cámaras superficiales, especialmente durante los períodos de actividad, y sobre todo si la temperatura externa es confortable, están repletas de obreras, larvas, huevos e incluso pueden contar con la presencia de la reina. Habitualmente suelen ser utilizadas como basurero, hasta el punto, en muchos casos, de quedar colmatadas de restos y fuera de uso, pero también pueden ser empleadas para almacenar el alimento recién traído por las obreras. Las galerías profundas son el espacio normalmente ocupado por el conjunto de la sociedad, sobre todo durante los períodos de reposo, por ejemplo, cuando hace demasiado calor en el exterior o durante las fases de descanso, según sea diurna o nocturna la especie en concreto. También la mayor parte o la totalidad de la sociedad se encontrará en estas galerías y cámaras verticales en casos de peligro. Sirven, por lo tanto, como habitáculo habitual y para la protección de la sociedad. La reina de las hormigas, en contra de lo que normalmente se piensa, no suele ocupar una cámara específica y hasta puede encontrarse, incluso, en superficie, aunque sí es cierto que, si la colonia se ve en peligro, ella se retirará a la cámara más profunda. La existencia de cámaras reales es lo usual en termitas, pero no en hormigas.

Hormigas amigas de los árboles, S. A.

En el caso de sociedades de hormigas amigas de los árboles, las hay que viven en su interior y, como las termitas, agujerean el tronco, vaciándolo luego y procurando respetar la corteza. Las galerías no suelen adoptar diseños específicos, suelen ser una red compleja y sin diferencias claras entre cámaras y galerías ni entre zonas superficiales o internas. Cuando se abre y se observa uno de estos nidos, se tiene la impresión de estar contemplando un complicado objeto artístico, una ciudad barroca, minuciosa y fascinante, construida con numerosos pisos «cuyos techos» son tan delgados como una carta de la baraja y aparecen sostenidos bien por paredes delgadas que van formando infinidad de habitáculos o por multitud de ligeras columnas que dejan ver casi todo el interior. La hormiga *Lasius fuliginosus* vive en este tipo de ciudades y se llama así (*fuliginosus*) porque va ahumando la madera que trabaja.[72]

Un caso muy llamativo de «asentamientos hormiguiles» es el de algunas especies tropicales que viven permanentemente y de forma específica en determinadas especies de arbustos o incluso de árboles a los que proporcionan una protección muy eficaz contra los insectos fitófagos o, incluso, contra herbívoros de gran tamaño como algunos mamíferos. A su vez, el arbusto les devuelve el favor proporcionándoles habitáculos para que ellas puedan instalar sus hormigueros. Este fenómeno es conocido como «mirmecodomacia», que se podría traducir como «la casa para las hormigas», y se puede ver en algunas acacias, en las que en la base de las hojas aparecen unos cuerpos, similares a las espinas, que son ocupados internamente como morada por las hormigas.[73]

Las curiosas hormigas tejedoras

Por otra parte, como ya se ha dicho en estas páginas, algunos insectos sociales, como avispas, abejas y termitas, elaboran sustancias especiales (pasta de papel, cera o barro con saliva) como materiales para construir sus sociedades. Sin embargo, en las hormigas esto no suele ser lo normal, si bien hay algunas excepciones.

El caso de las hormigas tejedoras, por ejemplo, es muy llamativo y suscita todo tipo de especulaciones sobre cómo y de dónde ha podido surgir un proceso tan complejo. En concreto, se trata de un grupo de hormigas arborícolas de la región oriental y etiópica pertenecientes al género *Oeco-*

phylla. Utilizan la seda producida por sus propias larvas de la siguiente manera: las obreras toman a estas larvas y, como si de un ovillo se tratase, van cosiendo los bordes de las hojas de los árboles en los que viven para ir conformando una bolsa de hojas en cuyo interior va a vivir la colonia. En este trabajo intervienen las larvas; unas obreras, las «hilanderas», que son las que manejan a estas larvas, y otras obreras que van juntando las hojas entre sí para facilitar la labor de las anteriores. El proceso es tan ingenioso y tan complejo que uno no deja de sorprenderse.[74]

¿Construcciones climatizadas?

Las «ciudades» de las hormigas son permanentes durante varios años, a veces décadas, y, por lo tanto, deben poder soportar toda clase de inclemencias, sobre todo en aquellas regiones sometidas a cambios importantes del clima a lo largo del año, con períodos secos y altas temperaturas o altas precipitaciones y bajas temperaturas.

Una ventaja, en comparación con las viviendas humanas, es que, si bien los nidos de hormigas están ocupados todo el año, las hormigas no siempre están activas. En contra de lo que suele creerse, salvo en latitudes tropicales, durante el invierno las hormigas duermen y reposan. El nido y la sociedad se despiertan en primavera (algunas lo hacen incluso a mediados o finales de mayo en nuestras latitudes) y, al despertar, se inicia una actividad frenética: arreglar los desperfectos del invierno, sacar la arena introducida con el agua durante las lluvias o buscar comida para las larvas que despertaron o las que empiezan a aparecer como consecuencia del reinicio de la tarea reproductora de la hembra. Eso supone una gran cantidad de trabajo que emprenden las obreras de forma ordenada, pero sin que nadie las mande. Por ello, es frecuente ver nuevos montones de tierra fresca en las entradas de los hormigueros durante la primavera.

¿**Sabías que** la colonia más grande de hormigas fue descubierta en 2002? Su extensión abarca 5.794 kilómetros desde el noroeste de España a Italia.

11. ¿Cómo encuentran los insectos el camino a casa?

«Solo unos pocos encuentran el camino, otros no lo reconocen cuando lo encuentran, otros ni siquiera quieren encontrarlo.»

LEWIS CARROLL, *Alicia en el País de las Maravillas*

¿Por dónde era?

Si alguna vez te has perdido en un lugar desconocido o incluso en tu ciudad, es posible que hayas consultado algún mapa en el móvil o, simplemente, revisado un pequeño croquis. Tenemos GPS, brújulas, satélites y un sinfín de tecnologías que nos facilitan situarnos en cualquier lugar de nuestro planeta, y si todo ello no nos saca del apuro, aún podemos preguntar a algún transeúnte o que nos lleve un taxi…

A diferencia del ser humano, los animales no necesitan este tipo de aparatos para situarse ni para guiarse. Desde que nacen, su organismo tiene la capacidad de orientarse a través de diferentes medios como la luz, el calor, algunas sustancias químicas, el sonido, la gravedad, el magnetismo de la Tierra o incluso las estrellas. Entre los insectos, las hormigas, las abejas y las avispas han sido particularmente estudiadas en lo que respecta a sus métodos de orientación a distancia. No obstante, al escribir estas líneas no tengo intención alguna de generalizar, ya que «entre dos especies de hormigas puede haber tanta diferencia como entre un ratón y un tigre».[75] Con más razón, no se puede asimilar la hormiga a todo insecto que camine o vuele y, por ello, en este capítulo solo pretendo mostrar algunos ejemplos de cómo son capaces de regresar a sus nidos algunas especies de insectos.

Los cazadores de abejas

La *Philanthus triangulum* es un himenóptero de doce a dieciocho milímetros de longitud, con el aspecto típico de las avispas. Los machos se alimentan del néctar y del polen de las plantas, mientras que las hembras se dedican a la caza de abejas, y de este comportamiento les viene el calificativo de «lobos de las abejas», algo que, naturalmente, no gusta nada a los apicultores.

Los individuos de esta especie excavan sus guaridas en la tierra y, cuando el sol está en su cenit, salen a la caza de abejas (*Apis mellifica*), a las que capturan cuando se encuentran distraídas extrayendo el jugo de las plantas. Las *Philanthus* les inoculan veneno en una zona membranosa de la región ventral (a través de las membranas articulares situadas inmediatamente detrás de las patas delanteras), lo que rápidamente les paraliza los músculos voluntarios, pero sin matarlas. Después, las presionan contra su cuerpo obligándolas a expulsar el néctar por la boca, que lamen con avidez; seguidamente, las colocan en «posición de transporte» (invertidas debajo de ellas y sostenidas por las patas intermedias) para llevarlas hasta el nido, donde depositan un huevo sobre el cuerpo de la víctima. La *Philanthus* nunca caza en la colmena, lo hace en el territorio de recolección de la abeja, a la que identifica por medio de la vista y el olfato.

Sus nidos disponen de diferentes cámaras que se abren en el extremo de un largo túnel. En cada una de ellas van almacenando de tres a seis abejas en estado catatónico. Dado que las condiciones de temperatura y humedad de estos espacios subterráneos pueden favorecer la proliferación de hongos, la *Philanthus* segrega una bacteria del género *Streptomyces* que protege a las larvas.

El zoólogo Nikolaas Tinbergen,[76] Premio Nobel de Medicina en 1973 por sus estudios sobre el comportamiento animal, pasó cinco veranos en la región de Hulshorst, en los Países Bajos, estudiando a la *Philanthus triangulum*.

En 1929 descubrió que en un arenal al que bautizó como «llanura de las *Philanthus*» unos conjuntos de avispas de esta especie realizaban tareas consistentes en extraer arena del suelo para hacer el nido o para echarla sobre el agujero con el fin de ocultarlo. Después emprendían el vuelo y, al cabo de un rato, regresaban con una abeja, desalojaban la tierra del nido y se introducían en él con la presa.

Tinbergen se preguntó cómo era posible que encontrasen el camino de vuelta al nido o de qué manera identificaban a sus presas (las abejas) entre los millares de insectos que sobrevolaban el brezal.

Dispuesto a hallar la respuesta a tales incógnitas, estableció en dicha zona su observatorio y, tras capturar a varias *Philanthus*, las marcó con puntos de esmaltes de colores. Descubrió que, antes de alejarse del nido, lo sobrevolaban describiendo círculos, primero cerca del suelo y luego a mayor altura, para terminar alejándose en línea recta; también averiguó que realizaban hasta tres capturas diarias, tarea a la que se dedicaban exclusivamente las hembras, al igual que a la fabricación del nido, en forma de túnel de aproximadamente medio metro de longitud y dotado con hasta siete cámaras, en cada una de las cuales había un huevo o una larva y un par de abejas. Creyendo que las *Philanthus* se orientaban sirviéndose de «hitos» o detalles concretos que había alrededor de la entrada del nido, cuando una de ellas se alejó, probó a cambiar de lugar las ramitas, piñas, piedras, etcétera, que había en las proximidades. De regreso, la *Philanthus*, a un metro del suelo, mostró un extraño comportamiento, volando enloquecidamente de un lado para otro, confundida ante la imposibilidad de localizar la boca de su guarida. Transcurrido un tiempo, y ya algo más tranquila, aterrizó en distintos lugares, excavó en varias zonas y, finalmente, tras quince minutos de búsqueda, localizó el nido por casualidad. Idénticos resultados en sucesivos experimentos demostraron la veracidad de la hipótesis de Tinbergen, demostrando así que para volver a casa desde el lugar de caza se guían por la vista, ya que la amputación de las antenas (una de las pruebas que realizó) no perturbaba su sentido de la orientación, lo que tampoco ocurría si aromatizaba los hitos de referencia, ya que los olores no ejercían ninguna influencia en la localización del nido. Por el contrario, si les cubría los ojos con pintura negra, eran incapaces de volar.

La danza de las abejas

El equipo liderado por Cheeseman[77] publicó un estudio en el que consideran probado que las abejas utilizan referencias físicas del terreno, además de la orientación con ayuda del sol como brújula y mapa para navegar por su territorio de alimentación.

La abeja es capaz de aprender la posición de los suministros de alimento y de conocer el aspecto de las flores que visita, así como de distinguir las formas del terreno a lo largo del camino que sigue al salir de la colmena. Y, algo extraordinario, puede comunicar todos esos conocimientos a las otras recolectoras cuando regresa a la colmena mediante una danza (la «danza de las abejas»), en la que, cuando la ejecuta, la siguen dos o tres compañeras.

Se sabe que las abejas danzan según el plano vertical de los panales de la colmena: si la comida se halla a menos de cien metros, la abeja avanza describiendo una circunferencia, luego gira y vuelve al punto de partida. Esta danza redonda indica, simplemente, que la comida se encuentra cerca. Si la comida está a más de cien metros, la abeja avanza describiendo una figura parecida a una circunferencia cortada por un diámetro. Empieza trazando el diámetro, luego gira a derecha (o izquierda) y describe una semicircunferencia volviendo al otro extremo del diámetro; luego se mueve siguiendo el diámetro otra vez, girando (a la izquierda o derecha) hasta llegar al extremo y completar la otra mitad de la circunferencia. A efectos de la danza, la dirección del sol desde la colmena viene representada por una línea imaginaria que va verticalmente desde la parte inferior a la superior del panal. El diámetro representa la dirección de la comida en relación con la dirección el sol, de manera que, si cuando avanza a lo largo del diámetro la abeja se dirige directamente a la parte superior del panal, la comida se halla en dirección al sol, y si se mueve hacia abajo verticalmente, se halla en dirección opuesta a la situación del sol. Si la comida forma un ángulo determinado con la dirección del sol, este se indica en la danza por el ángulo formado por el diámetro con la vertical. A medida que avanza a lo largo del diámetro, la abeja mueve su abdomen de un lado para otro. Cuanto más lo mueve, más tarda en completar la danza, cuya duración se halla relacionada con la distancia que existe entre la comida y la colmena: cuanto más dura la danza, más lejos se halla la comida.[78]

La danza de las abejas es un sorprendente ejemplo de comunicación entre animales. La abeja proporciona información del mismo modo que una persona lo hace al dibujar un mapa que muestre las relaciones entre varios puntos geográficos, y su danza contiene una información mucho más completa que, por ejemplo, el «seguidme» de los guías turísticos.

¿**Sabías que** en España hay más de mil especies distintas de abejas, el doble que de pájaros?

12.
Cuidado de la prole

> «Los seres humanos no nacen para siempre el día en que sus madres los alumbran, sino que la vida los obliga a parirse a sí mismos una y otra vez.»
>
> GABRIEL GARCÍA MÁRQUEZ

Madre no hay más que una, dicen, pero eso no parece aplicarse en el mundo animal: desde mamíferos a insectos, pasando por reptiles o moluscos, la naturaleza nos ofrece innumerables ejemplos –hazañas grandes y pequeñas, cada una con su estilo– del más abnegado instinto parental. En este capítulo trataré de mostrar algunas costumbres de las mamás y de los papás de los insectos que no tienen más objeto que la supervivencia de sus hijos en un mundo natural que puede ser, en la mayoría de los casos, muy hostil.

Una pregunta lógica: ¿por qué es más común en las madres que en los padres el cuidado de la prole? Es cierto que las madres han invertido más energía en los huevos y, por lo tanto, tienen un incentivo especial para evitar que su inversión se malgaste. Sin embargo, si se observa la conducta de los machos de algunas especies, cada individuo intenta maximizar su eficacia reproductora y, por lo tanto, también interviene de alguna forma en el cuidado de las crías.[79]

En muchas especies de animales la reproducción se lleva a cabo sin que los padres vean, cuiden ni hagan nada por su prole. En los animales marinos, por ejemplo, los erizos expulsan sus huevos y esperma en el agua, la fecundación tiene lugar en el exterior del cuerpo y las larvas nacidas flotan en las capas superficiales, sin bajar al fondo hasta que están completamente desarrolladas y a punto de convertirse en adultas, por lo que no se prodiga ningún cuidado a los huevos ni a las crías.

Los hijos son más afortunados en los casos en que los padres hacen grandes esfuerzos por incrementar la supervivencia de la prole, protegiéndolos de los depredadores, la falta de alimento, la desecación y otra serie de peligros externos, usualmente a costa de su propia supervivencia y oportunidades de reproducción. No obstante, este desvelo conlleva un elevado coste ecológico y, por ello, la estrategia fácil es la seguida por una mayoría de insectos, consistente en producir una elevada puesta. Sin embargo, el cuidado parental es una respuesta hacia un entorno insólitamente favorable o ante un medio desmesuradamente inhóspito.[80]

Este cuidado parental, por su parte, puede ser a título individual o colectivo. Los insectos sociales, por ejemplo, cuidan a sus crías de acuerdo con el papel que desarrollan dentro del grupo, de manera que en una colmena de abejas todos los individuos trabajan para garantizar que las crías sobrevivan. Así, cada celdilla del panal es una incubadora con una cría que es cuidada, defendida y alimentada por toda la colmena hasta que finaliza su estado larvario y puede asumir su propio puesto como coadyuvante de la siguiente generación.

Otras especies, sin embargo, carecen de una guardería en cuyo cuidado esté toda la colonia y han de ocuparse de la agotadora tarea de la crianza de manera independiente. Ahora veremos cómo.

Algunas madres devotas...

La hembra de la **mariposa de la col**, al buscar su alimento, se siente atraída por los colores amarillo y azul, haciendo caso omiso al verde. Sin embargo, cuando está a punto de hacer la puesta, varía su preferencia en cuanto al color, buscando entonces una hoja verde para golpearla con sus patas anteriores, primero con la izquierda y después con la derecha. Es cierto que aún no podemos comprender muy bien esta acción, aunque parece que sirve para determinar si empleará o no la hoja para depositarlos. Sea como fuere, el caso es que en la mariposa de la col, como hacen muchos otros animales, el cuidado de los padres termina con la selección cuidadosa del lugar donde poner los huevos, tras lo cual los abandona y no vuelve a visitarlos.

Sin embargo, a pesar de todo, esta conducta ofrece algo de protección para los huevos, así como el suministro inmediato de alimento para las crías cuando salgan del huevo.

En el sudeste de Estados Unidos ciertas especies de **tíngidos** (hemípteros) viven en las ortigas: la hembra se encarga de vigilar la puesta y cuando los huevos eclosionan salen las ninfas, que en este momento corren mucho peligro porque si merodean chinches de la familia *Nabidae* las devorarán sin dejar ni una. Los tíngidos no tienen muchas armas con qué defenderse de este ataque, y por eso la madre distraerá al depredador extendiendo sus alas y subiéndose a su dorso para que, mientras tanto, las ninfas huyan por el nervio central de la hoja para ascender tallo arriba hacia una hoja nueva, doblada todavía, donde se ocultarán. Si la hembra logra escapar, irá tras la prole y vigilará desde el peciolo de la hoja, para así poder salir al paso del depredador, que, probablemente, la habrá seguido.

Algunas veces la hembra consigue burlarlo momentáneamente. En ese caso, huirá para guiar a las ninfas hacia la hoja más apropiada, bloqueando cualquier rama que pudieran elegir de forma errónea. Pero lo habitual es que la hembra muera en el ataque, aunque su muerte tendrá sentido: con ello dará tiempo a que las ninfas escapen con vida.[81]

Este tipo de comportamiento no es único. Modeer observó que la hembra de la chinche de escudo europeo (*Elasmucha grisea*) permanecía firme sobre la puesta, abalanzando el cuerpo hacia los depredadores en vez de remontar el vuelo. Entre las tijeretas –también llamadas forfículas–, y en la especie *Labidura riparia*, desde la puesta hasta la eclosión, la madre lame, cepilla, da vueltas y transporta los huevos. Luego permanece junto a las larvas, las alimenta y las reagrupa alrededor de ella pareciendo que «las incube como una gallina que empolla a sus polluelos». Estos cuidados intensivos se alternan con largos períodos de reposo y pueden prolongarse dos o tres días antes de que la familia se disperse.[83]

... Y varios padres abnegados

En la mayoría de los casos, son las hembras las que se encargan del cuidado de la prole. Sin embargo, hay ocasiones en las que los machos toman las riendas para que las crías puedan desenvolverse en medios adversos. Las chinches de agua, por ejemplo, ponen unos huevos de gran tamaño que se desecarían si no permaneciesen sobre la superficie del agua o se ahogarían si cayeran dentro. Los huevos deben entonces mantenerse húmedos y aireados y, por ello, en las especies del género *Lethocerus* la hembra los deposita sobre una ramita que está encima del agua y el macho se sumerge y sale repetidas veces para mojar los huevos y mantenerlos húmedos.

El macho del *Belostoma* (hemíptero) –género de chinches de agua gigantes– transporta los huevos sobre su dorso, que es donde los ha adherido la hembra. Él debe mantenerse sobre la superficie y exponerlos al aire, moviendo sus patas traseras hacia atrás y hacia delante o asiéndose a alguna ramita e impulsándose hacia arriba durante horas para que el agua circundante de los huevos persista aireada.[84]

¿Por qué unos se ocupan de la prole y otros optan por estrategias diferentes?

Es evidente, como ya se ha advertido, que el cuidado parental exige un sacrificio que no todos están dispuestos a asumir: machos y hembras pagan un excesivo precio por no remontar el vuelo y enfrentarse a los depredadores. Por otra parte, este cuidado también resulta caro, ya que ata al nido a los progenitores y la producción de huevos comporta una enorme inversión energética. Además, la hembra que monta guardia sobre la puesta no puede salir en busca de los nutrientes requeridos para una nueva tanda de huevos, un coste que ha obligado en muchos casos a estrategias alternativas, como es el caso de ciertas chinches del género *Gargaphia* y homópteros del género *Polyglypta*, que se ahorran riesgos y pérdidas colocando sus huevos sobre la puesta de otra hembra. Quedan entonces libres para una segunda puesta casi inmediata, mientras que los receptores habrán de esperar a la eclosión (en *Polyglypta*) o hasta la madurez de las ninfas (en *Gargaphia*).[85]

Pero si para la hembra el cuidado de la prole es costoso, para el macho resulta prohibitivo: ya hemos visto que la producción de esperma resulta barata, por lo tanto, aunque la atención a los hijos le robara tiempo para la búsqueda de alimento, ello no debiera ser óbice en lo que a la merma fecundadora se refiere, y es que el precio que debe pagar aquí es la promiscuidad: mientras el macho permanezca ligado al nido, no tendrá libertad para ir en busca de otras hembras.

Además, no debemos olvidar la imposibilidad de garantizar la paternidad, ya que las hembras retienen el esperma y pueden escoger de qué macho quedar fecundadas, en tanto que los machos de ciertas especies de hemípteros (*Reduviidae*) se las ingenian para librarse de esa contribución.

En otras especies, sin embargo, como en el caso de los *Rhynocoris* (hemípteros), el macho hace ostentación del cuidado del nido. Las hembras merodeantes dan por supuesto que el macho vigilante de su prole se concentra en esa misión y, por lo tanto, lo buscan para la cópula. Tal comportamiento resulta rentable para los machos, pues las hembras hacen la puesta luego de la cópula; ello significa que el macho acepta ocuparse de los que con más seguridad son progenie suya.

Lo cierto es que, pese a algunas excepciones, como el caso que acabamos de ver, la mayoría de los machos evitan los costes de vigilancia y recurren a otros mecanismos: ovopositores punzantes o duras e impenetrables cubiertas para los huevos que permiten ocultar la progenie en tejidos vegetales de plantas, o bien, en otros casos, enterrar los huevos en grietas u oquedades naturales. En el caso de algunas otras especies la opción es, en lugar de poner todos los huevos a la vez, optar, como hacen muchas especies, por puestas pequeñas, distanciadas en el tiempo y el espacio, para que de esta manera, si un depredador descubre una puesta, solo pueda acceder a una fracción del total de los huevos producidos por la hembra.

Si existen todas estas alternativas, **¿entonces por qué no han abandonado todos los insectos el cuidado vigilante de la prole?**

Por una razón de coste-beneficio: no hay tal coste cuando la crudeza del invierno o la escasez de recursos frenan la producción de huevos. En tal caso, el cuidado constituye una opción óptima. Así, por ejemplo, las hembras de la chinche (*Parastrachia japonensis*) alimentan a sus crías de frutos caídos de los árboles del género *Schoepfia*. Por lo tanto, limitan su época reproductora al momento de máxima abundancia del fruto. En este tiempo, la hembra cuenta con alimento suficiente para producir una puesta prolífica que protegerá juntamente con las provisiones necesarias para poder subsistir.[86]

¿**Sabías que** las hembras de algunos escarabajos (*Necrophorus*) manipulan a los machos para que inviertan más en el cuidado de las crías?

13. Vida en sociedad

> «Había vivido como un insecto en un enjambre de insectos...»
>
> NATALIA GINZBURG

Una sociedad humana es en esencia un grupo de personas que viven juntas y tienen un mismo lenguaje y un sistema de reglas que fijan las obligaciones de unos para con otros. Esta es, naturalmente, una definición simplificada, ya que cada individuo, por ejemplo, es también miembro de una familia y, por lo tanto, cada adulto trabaja para mantenerse a sí mismo y, a menudo, a su familia.

En una sociedad primitiva, la mayoría de los adultos producían o buscaban su propio alimento, elaboraban sus propias herramientas y construían sus propias moradas. A medida que las sociedades se hacen más complejas, el trabajo dejó de ser genérico y se repartió en una diversidad cada vez mayor de funciones diferenciadas: agricultura, construcción, medicina, etcétera, que una persona sola no es capaz de realizar en su totalidad.

Pero la especialización del trabajo no es monopolio de las sociedades humanas, en realidad, es en ciertas sociedades de insectos donde se presenta su mayor desarrollo. Como consecuencia, dichas sociedades son tan permanentes como las nuestras, aunque se basen en la conducta instintiva.

Sin embargo, cada ave de una bandada, el antílope de una manada o el pez de un cardumen es capaz de hallar su propio alimento y de realizar los procesos de su vida sin ayuda de sus compañeros, mientras que, en condiciones naturales, una hormiga aislada es una hormiga sin rumbo, no puede vivir separada de su colonia.

¿Hasta qué punto es una sola hormiga (o una termita, o una abeja) un individuo biológico real?

Utilizando una analogía con el cuerpo humano, por lo general, no pensamos en nuestros órganos como organismos individuales, así que ¿por qué habríamos de pensar lo mismo de las hormigas? Este razonamiento conduce por analogía a la idea de que una colonia de hormigas es el individuo y, por lo tanto, al concepto del superorganismo.[87] Por otra parte, **¿cómo podemos saber si un grupo de animales forma una sociedad o, simplemente, se trata de un conjunto de individuos que viven por coincidencia en el mismo lugar?**

Al igual que los humanos, los animales pueden formar una sociedad solo si son capaces de comunicarse unos con otros. La comunicación incluye no solamente el sonido, sino también el olor y otros tipos de estímulos. Cada animal responde a la presencia de otro; si uno es agresivo, el otro es agresivo o sumiso, según el caso, pero la respuesta nunca es neutra. Por lo tanto, la esencia de una sociedad es este intercambio de estímulos y respuestas de entre todos sus miembros y, además, otra de las ventajas por las que los animales viven en bandadas y manadas es por la seguridad.

¿Cuáles son los lazos que mantienen unidos a estos insectos en sociedad?

Cierto es que no hay la misma clase de relación madre-hijos que la que se encuentra en un rebaño de ovejas, ni tampoco parece que existan en los insectos los tipos de relación agresiva que son característicos de muchas sociedades de animales superiores.

Ahora bien, no hablan, que sepamos, pero eso no significa que abejas, hormigas o termitas no puedan comunicarse entre ellas, ya que se trata de insectos sociales. Quizá lo sorprendente sea, en este sentido, la forma en que lo hacen, practicando la trofolaxis, un mecanismo común a otros insectos sociales (con excepción de los abejorros, las hormigas primitivas del género *Amblyopone* y la hormiga campesina *Pogonomyrmex badius*) mediante el cual se alimentan unas a otras.[88]

Para llevar a cabo esta práctica, la comida se pasa de un obrero a otro, así como del obrero al macho o a la reina. La transferencia está acompañada de unos movimientos especiales de petición por el aceptor, aunque el impulso que debe dar el donante es tan fuerte como el que debe recibir.[89]

Pero esta labor rutinaria podría tener «segundas intenciones» e ir más allá de la mera alimentación: al parecer, los líquidos que estas hormigas se transmiten boca a boca contienen proteínas y moléculas que pueden influir en el desarrollo y la organización de las colonias. La composición del «boca a boca» difiere en la cantidad de hormonas y proteínas dependiendo de la etapa por la que pasa el hormiguero, lo cual varía el mensaje químico que se transmite a las larvas y, por lo tanto, condiciona su desarrollo. Por lo tanto, además de servir para intercambiar alimento, la trofolaxis es un medio de comunicación química entre los miembros de la colonia. A esta participación de la comida común es a lo que se debe el olor de la colonia, que no es otra cosa que una marca distintiva entre un intruso y un miembro de la colonia que lleva a que, por ejemplo, hormigas de otra colonia sean atacadas por los miembros de la colonia, pero, igualmente, lo sean también hormigas de la misma colonia si han estado separadas una semana o más.

De igual manera, si se introducen pupas extrañas en la colonia, estas son cuidadas y los jóvenes adultos son aceptados debido a que han adquirido el olor de la colonia de adopción. De hecho, las hormigas esclavizadoras *Formica sanguinea* toman pupas de *Formica fusca* de los nidos de estas para aumentar su propia fuerza obrera.

La trofolaxis, además de proporcionar la fuente de un olor común, también les ofrece el medio por el cual determinadas sustancias pueden distribuirse a través de toda la colonia. En las abejas, la presencia de una reina activa está señalada por la «sustancia reina» diseminada boca a boca por toda la colonia y, mientras esta sustancia está circulando, en la colmena no se construyen células reales; en cambio, cuando la sustancia disminuye de nivel, las obreras comienzan la construcción de las celdas reales. De hecho, la reina se *crea*, por decirlo de alguna manera, debido a que el tamaño de la celda que ocupa estimula a las obreras a alimentar a la larva que está dentro del modo apropiado para convertirla en reina.

De la misma manera, en las termitas, la metamorfosis de las ninfas en soldados, obreras o reproductoras se debe a feromonas. Así, cuando la «sustancia soldado» empieza a declinar (cuando disminuye el número de soldados), las ninfas se metamorfosean en soldados. Naturalmente, estos cambios morfológicos van acompañados por cambios en el comportamiento.

¡Alto ahí!

Humanos y hormigas tienen en común el hecho de vivir en grandes colonias en las que es preciso regular el tráfico y la recolección de alimentos, entre otros asuntos, pero también es necesaria la defensa colectiva de la colonia contra el enemigo, la entrada de intrusos en el hormiguero, etcétera.

Las hormigas muestran un típico comportamiento agresivo contra cualquier hormiga que entre en el nido. Una obrera de *Formica rufa* tiene un comportamiento agresivo con tres componentes: «amenaza» (con la cabeza levantada y las mandíbulas abiertas), «cogida» y «arrastre».[90] Son niveles sucesivos de agresión que comienza con el «lamido» que se hace a otra hormiga a modo de comportamiento exploratorio. Virtualmente, no se muestra agresión hacia un compañero de hormiguero dentro del nido, pero las que vuelven al nido, aunque sea por tiempos menores de un minuto, son ya saludadas agresivamente, lamidas y amenazadas. Las reacciones a una hormiga extraña son más intensas, incluyen más «cogidas» y la extraña puede llegar a ser incluso arrojada del nido.

Agentes de aduanas

En el caso de las abejas, la entrada a la colmena está guardada por abejas guardianas cuya función es impedir la entrada a abejas ladronas. Las guardianas reaccionan al movimiento de las abejas que vuelan sobre sus cabezas de una manera que muestra que el primer reconocimiento del ladrón es por su movimiento volador particular, de lado a lado. Si observamos una colmena, las guardianas pueden reconocerse por su posición, montando guardia, con sus cuerpos levantados, de modo que las patas anteriores no tocan tierra, y también porque siguen los movimientos de las abejas que vuelan por encima de ellas, a veces incluso abren sus mandíbulas como signo de amenaza; su trabajo es lamer, coger y arrojar a cualquier extraño.[91] Un equipo de la Universidad de Brisbane, en Australia, lleva años investigando el comportamiento social de las abejas y ha llegado a la conclusión de que las guardianas no solo protegen la colmena de la entrada de avispas y otros depredadores, sino que trabajan como auténticos agentes de aduanas examinando con detalle a las abejas que llegan desde otras colmenas. A veces se produce por simple confusión, ya que regresan a un panal diferente al suyo, y a su llegada los «inmigrantes» son recibidos por las abejas guardianas, que se toman hasta medio minuto para revisar la firma química de la recién llegada. Si su huella coincide con la de la colmena, la abeja es bienvenida; en caso contrario, la expulsan a picotazo limpio. La huella química no es el único factor que decide si una abeja inmigrante entra o no. Se ha comprobado que si la comunidad tiene bastante miel y celdas libres, las fronteras pueden llegar a abrirse del todo. Por el contrario, si hay escasez de recursos, no dejan entrar a ningún extraño.[92]

Los diferentes trabajos de una obrera

El mantenimiento de una colonia de insectos sociales depende de una variedad de diferentes trabajos realizados por los obreros. En los himenópteros, las obreras son las hembras estériles; en las termitas, los obreros son de ambos sexos.

Las abejas obreras no realizan una sola función durante su vida, ya que a medida que se van haciendo viejas cambian el trabajo que realizan. Al poco de nacer, las abejas jóvenes trabajan como limpiadoras durante tres días y, tras esto, se convierten en niñeras hasta que, más o menos a los diez días de vida, se transforman en constructoras. Su trabajo como niñeras coincide con el desarrollo de sus glándulas labiales, de modo que puedan producir las secreciones de las que se alimentan las larvas. Después se convierten en constructoras cuando sus glándulas abdominales empiezan a producir cera, a la vez que sus glándulas labiales se atrofian. Alrededor del día dieciséis, las constructoras reciben las cargas de néctar y polen de las forrajeras y las almacenan en el panal. Es entonces, sobre el día veinte, cuando se convierten en guardianas, un puesto que solo ejercen unos pocos días antes de convertirse en forrajeras, en lo que trabaja durante el resto de su vida.

En las hormigas, este «polifacetismo de edad» también existe. En el caso de la *Myrmica scabrinodis*, por ejemplo, las niñeras son hormigas que han emergido durante la estación presente, las constructoras son las que se convirtieron en adultos en la estación previa, mientras que las forrajeras son individuos que pueden tener dos años.

La determinación de las castas en algunas hormigas se realiza por la cantidad de comida con que es alimentada la larva, por lo tanto, la atención que una larva recibe de las niñeras es importante.[93] En la *Myrmica rubra*, esta atención parece ser fortuita: las larvas mayores reciben una desproporcionada atención y comida posiblemente porque presentan un mayor estímulo que las pequeñas.[94]

¿**Sabías que** una hormiga reina puede vivir lo suficiente (unos veintiocho años) como para ver morir a todos los demás miembros de la colonia?

14.
Los alquimistas de la naturaleza

> «No me parece que la luciérnaga extraiga mayor suficiencia del hecho incontrovertible de que es una de las maravillas más fenomenales de este circo, y sin embargo basta suponerle una conciencia para comprender que cada vez que se le encandila la barriguita el bicho de luz debe sentir como una cosquilla de privilegio.»
>
> JULIO CORTÁZAR, *Rayuela*

En las regiones templadas y cálidas del planeta pocos insectos rivalizan en fama popular con el gusano de la luz, un curioso insecto que, para la elección de su pareja, enciende un faro en la punta de su vientre. Pero, además de su carismático festival de luces, las luciérnagas son alquimistas (al menos poéticamente): no es que conviertan metales en oro, pero sí crean luz como por arte de magia.

¿Quién no las ha visto en las calurosas noches de verano vagar por entre las hierbas? Para todos aquellos que no hayan crecido en el campo o que, simplemente, tengan menos de cuarenta años, las luciérnagas son casi un animal mitológico, como el unicornio. Nos traen recuerdos de cálidas noches de verano, casi siempre de la infancia.

Estos insectos han sido considerados desde siempre un pequeño milagro de la naturaleza, pero el urbanismo salvaje y la contaminación lumínica los han conducido al borde de la extinción debido a la combinación de la contaminación lumínica, el uso de pesticidas, la deforestación, el crecimiento urbano y la destrucción de hábitats que amenazan a más de dos mil especies de luciérnagas. Tanto es así que si pavimentásemos un campo en el que vivan las luciérnagas, estas no emigrarían a otro nuevo campo, simple y llanamente desaparecerían para siempre.

Hay pocas cosas más encantadoras, en el sentido de la palabra, que las titilaciones de las luciérnagas en la noche, ya que esta sinfonía de destellos nos infunde la sensación bucólica de que nos hallamos en un mundo alejado de la competencia y la depredación. Nada más lejos de la realidad. La limitación de recursos, la cantidad de hembras sin aparear y el alimento hacen de la competencia una parte inevitable de la vida. Esta competencia se hace más evidente entre las luciérnagas, porque en buena parte está medida por la bioluminiscencia, ya que sus destellos luminosos no son más que señales de advertencia que emiten los machos en busca de pareja. Al igual que el alumbrado nocturno de un aeródromo informa a los pilotos de la dirección que deben seguir, también la luz despedida por la luciérnaga hembra posibilita al macho un «aterrizaje» de precisión.[95]

Pero ¿quiénes son las luciérnagas?

En la antigua Grecia a estos escarabajos (coleópteros) se los llamaba *Lampyris*, que significa «portador de linterna en la rabadilla». Su nombre científico es *Lampyris noctiluca* y otros nombres populares, como «gusano de luz», «bichitos de luz», «luceros», «cocuyos» (Colombia, Ecuador y Venezuela), «cucayos» (México), «vagalumes» (Galicia), «linternas», «candiles» o «cuca de llum» (Cataluña) no son sino unos pocos de los muchos con que en diferentes países se denomina a los pequeños coleópteros.

Aunque, pensándolo bien, llamarlos «gusano de luz» podría ser causa de confusión, porque los lampíridos en realidad no son gusanos, ni siquiera considerándolos en su aspecto general; en realidad son escarabajos y, de hecho, existen cerca de dos millares diferentes de luciérnagas en el mundo.

En el caso de las luciérnagas, machos y hembras son muy diferentes; mientras que el macho es evidentemente un escarabajo con los élitros (alas anteriores de gran dureza) negros o de un marrón muy oscuro, las hembras parecen más bien larvas, ya que solo tienen rudimentos de alas.

La mayor concentración de especies se puede encontrar en zonas cálidas y húmedas, como en las regiones tropicales de Asia y América. En la mayoría de las especies es muy notorio el dimorfismo sexual: los machos alcanzan un desarrollo completo similar al de otros coleópteros y poseen dos alas bien desarrolladas protegidas por dos élitros largos y negros que ocultan todo su abdomen. Las hembras, en cambio, como se acaba de explicar, conservan un aspecto larvario, con élitros reducidos a escamas, aunque en algunos géneros pueden apreciarse pequeñas alas vestigiales (*Nyctophila* y *Lamprohiza*) o alas más desarrolladas que no utilizan (*Luciola*).

Las luciérnagas son insectos nocturnos y aprecian cualquier fuente de sombra y frescor y, dado que pasan la mayor parte del día en el suelo, utilizan las hierbas largas como lugar para descansar y esconderse del sol, evitando así las intensas temperaturas. Por la noche suben a la cima de las hierbas para que desde allí su luz sea visible, por lo tanto, para dar con ellas hay que buscarlas en un lugar con humedad, con vegetación, donde abunden caracoles y babosas (que son su alimento), que no esté contaminado y con agua limpia en sus cercanías (arroyos, ríos, fuentes, pozos, lagunas…).

Qué hace brillar a una luciérnaga

Lo cierto es que por más conocidos que nos resulten estos «bichos de luz», pocas veces se habla del complejo e interesantísimo proceso químico que hay detrás del característico brillo nocturno de estos coleópteros. Se conoce como bioluminiscencia y se desarrolla por muchos otros organismos, aunque es más frecuente en las formas de vida marina.

Las luciérnagas tienen la capacidad de brillar en la oscuridad porque están dotadas con unos órganos especiales que les permiten hacerlo. El examen de su último anillo abdominal pone de manifiesto que la luz procede de dos capas de células. En la capa exterior, que es transparente, se genera la luz, y en la capa interior, llena de cristales de ácido úrico, se refleja la luz lejos del abdomen.

En el estado adulto son las hembras las que lucen con mayor intensidad su lucecita. En realidad, es un conjunto de cuatro elementos alojados en la parte inferior del extremo del abdomen: dos placas que ocupan los segmentos sexto y séptimo y dos puntitos luminosos en cada uno de los extremos del octavo segmento. Los machos, por su parte, mantienen las lucecitas del estado larvario –dos puntos luminosos en el extremo del octavo segmento abdominal–, pero solo brillan cuando son molestados.

Cuando absorben el O_2, este se combina con una sustancia llamada luciferina (productora de luciferasa), que, a su vez, se combina con el O_2 y forma una molécula inactiva llamada oxiluciferina. La reacción química requiere el aporte de O_2, agua, iones de magnesio y energía. La luciferasa regula la velocidad, acelerando la reacción, que ocurre en dos pasos y que da lugar a la luz. La longitud de onda de la luz que pueden emitir oscila entre los 510 y los 670 nanómetros, y puede ser de color amarillo pálido, rojizo o verde claro.[96]

¿Es cierto que las luciérnagas crean la luz más eficiente que existe en el mundo?

Al contrario que todas nuestras luces artificiales, que irradian gran parte de su energía en forma de calor, la luz viviente funciona de una forma más económica.[97] El proceso es extraordinariamente eficiente: menos del dos por ciento de la energía se convierte en calor (lo que contrasta, por ejemplo, con el noventa y cinco por ciento de pérdidas de una bombilla ordinaria). Y es que si las luciérnagas produjeran tanto calor al emitir su luz como lo hace una bombilla convencional, se acabarían incinerando, y por ello no es extraño que hasta las hembras más «ardientes» estén frías al tacto.

El gusano de luz hembra muestra la lucecita poco después del atardecer, hacia las diez de la noche en las cortas noches de verano, y es probable contemplarla hasta después de medianoche. En general, buscan posiciones desde donde su lucecita sea visible, y para ello curvarán su abdomen de manera que los faritos queden al descubierto.

Las hembras son sedentarias y, generalmente, no se mueven del mismo sitio noche tras noche hasta que se emparejan, porque en el momento en que la hembra se aparea comienza a apagar su «farolito» (que no le es posible desconectar inmediatamente) y se prepara para la puesta, que ocurrirá en los días posteriores. La mayor parte de las hembras, de hecho, suelen tener suerte, por lo que brillan únicamente durante una noche, solo una escasa proporción de hembras continúa perseverando durante una semana o más tiempo: se trata de las desafortunadas, las «patitos feo» del cuento de las luciérnagas o bien de aquellas que emergieron en un lugar o momento poco propicio en cuanto a la presencia de machos patrullando por el aire a poca altura del suelo, algo muy difícil, ya que cualquier tarde el prado de luciérnagas contiene más machos en busca de pareja que hembras: la proporción puede ser de cincuenta a uno, por lo que la hembra tiene éxito mucho antes. Por ejemplo, cuando la hembra de *Photinus collustrans* sale de su madriguera al crepúsculo, puede captar la atención de un macho en vuelo, atraerlo al suelo, copular (unos noventa segundos aproximadamente) y volver a su madriguera. Todo ello en unos seis minutos. Cuando la hembra desaparece, el macho retorna al aire y a la competencia.

El código morse de las luciérnagas

En América y Asia, donde conviven un buen número de especies de luciérnagas, es fácil observar en las cálidas noches de verano un caos de destellos en los campos, hasta el punto de que puede parecer un misterio que no se produzcan constantemente confusiones entre luciérnagas de distintas especies y que en la práctica nunca se apareen y crucen especies distintas entre sí.

¿Cómo es esto posible? Por regla general, en una zona determinada y para cada especie, el macho tiene su señal y, del mismo modo, la respuesta de la hembra es propia y única. Las características que identifican la señal son la duración del destello, el número de destellos en una pauta de señal, el ritmo de los destellos en la pauta y su tasa de repetición. La pauta de destello de la luciérnaga macho constituye solo la mitad del código específico de la especie y la otra mitad es la respuesta de la hembra en el diálogo del cortejo.[98]

En todas las luciérnagas, la tasa de destello cambia de modo predecible en función de la temperatura ambiente. Debido a tales cambios y a la sutileza de cada especie y de las muchas pautas de exhibición, la identificación segura de los machos de luciérnaga en el campo suele requerir varios tipos de información, tanto de comportamiento como ecológicos. Entre ellos se cuenta la velocidad del vuelo, la altitud durante la emisión de luz, el hábitat, el tiempo de actividad, la época del año, etcétera.[99]

La característica fundamental del destello de la hembra es su sincronización respecto al destello masculino; por ejemplo, a 24,5 °C, la hembra de *Photinus ignitus* (especie de Norteamérica) espera tres segundos antes de contestar a la señal del macho (a 13 °C, el tiempo de demora es de unos nueve segundos). Los tiempos de demora de las hembras de otras especies de luciérnagas son más cortos, por lo tanto, la combinación de la pauta de señal del macho con la respuesta demorada de la hembra constituye el código definidor de la especie, un código que desempeña una función muy importante en el mantenimiento del aislamiento reproductor.[100]

Amor a primera vista

En cuanto al cortejo, las funciones de intercambio de señales en la bioluminiscencia son complementadas con otros factores que fortalecen la comunicación sexual en esta fase. Por ejemplo, uno de esos factores complementarios es la entrega de un «regalo nupcial», en el cual el macho proporciona recursos nutricionales (alimento) a la hembra para mejorar su valoración competitiva ante otros machos.[101]

¿Las hembras pueden emitir señales falsas? ¿Por qué lo hacen?

Que este sistema funciona tan seguro como la muerte –en el sentido literal de la palabra– nos lo demuestran las hembras de una especie del género *Photuris*, y es que, aunque la mayoría de las luciérnagas no son carnívoras, las hembras de las especies de *Photuris* constituyen una excepción a esta regla: la hembra cazadora vuela hasta una zona donde la especie que quiere apresar es activa y se instala en el suelo o cerca de él. Cuando el macho preso emite destellos en las proximidades de la hembra, esta responde con la contraseña femenina característica de la especie presa. El macho vuela más cerca y vuelve a emitir destellos. Debe apresurarse siempre, ya que si actúa con lentitud, los rivales de las proximidades verán el cortejo e irrumpirán en él, pero un error en la identificación podría ser fatal. El macho atraído puede responder emitiendo destellos varias veces, acercándose y alejándose. Algunos machos abandonan, otros se entretienen y los hay que descienden al suelo, a pocos centímetros de la luz. Tan pronto como aterrizan sobre el punto luminoso, le es tributado un digno recibimiento por la hembra *Photuris*, que los devora inmediatamente sin más ceremonias.[102]

Anoche me lo hice con una farola...

Las luciérnagas han servido de inspiración para desarrollar algunas tecnologías de iluminación humana, como el led, cuya cantidad de luz ha sido mejorada hasta en un cincuenta y cinco por ciento. Sin embargo, estas luces artificiales están influyendo negativamente en el deseo sexual de las luciérnagas, hasta el punto de que muchas de las que nos rodean terminan «enamoradas» de ellas, y es que el alumbrado público resulta tan seductor para las luciérnagas que deciden aparearse furiosamente con él, descuidando el apareamiento natural orientado a la reproducción, lo que parece estar poniendo en peligro su supervivencia. Los machos, como onanistas adictos al porno, prefieren aparearse con las farolas antes que con las hembras, tal como explica jocosamente Howard[103] en su libro *Sexo en la Tierra*.

¿Sabías que uno de estos coleópteros es el animal que más brilla de cuantos habitan la Tierra? Pues sí, se trata del cocuyo, un coleóptero de la familia *Elateridae* cuyo nombre científico es *Pyrophorus noctilucus*. El vocablo *Pyrophorus* proviene del griego *pyro*, «fuego», y *phorus*, «portador», aunque también es conocido como tucu-tucu, cucuyo, cocuy, cucubano, saltaperico, cucayo, taca-taca o tagüinche.

El cocuyo, una especie de escarabajo que habita en América y que mide alrededor de tres centímetros, es en apariencia un ser inofensivo y, precisamente por ello, para imponer respeto y alejar a sus depredadores, irradia una luz generalmente verdosa a través de dos puntos ubicados detrás de su cabeza, sobre la zona torácica. Pero atesora, además, un tercer órgano más luminoso que los anteriores en la parte dorsal del abdomen, aunque solo es posible verlo cuando el animal extiende sus extremidades y vuela. Es entonces cuando se produce la reacción química del O_2, inspirado a través de las tráqueas, con la luciferina y la luciferasa, sustancias segregadas por la masa celular que posee, a modo de glándulas, en aquellas estructuras de sus órganos fotógenos.

El caso del cocuyo es tan especial que incluso sus huevos y larvas son luminosas tanto en estas fases como en la etapa adulta. Su luz suele ser amarillenta, aunque de noche parece entre azulada y verdosa.

A diferencia de las luciérnagas, que generalmente viven en campo abierto y emiten destellos intensos de luz, las larvas luminiscentes de cocuyos halladas en termiteros y en cavernas arcillosas emiten luz muy intensa y continua. Comienzan a hacerlo al final del atardecer, cuando el sol se pone, y siguen haciéndolo durante las primeras horas de la noche. En zonas de la sabana brasileña de El Cerrado es posible observar ciertos fenómenos durante las noches cálidas y húmedas de la primavera: son los llamados «termiteros luminosos». Es decir, nidos de termitas que irradian una intensa luz verdosa emitida por larvas de cocuyos de la especie *Pyrearinus termitilluminans*, que exponen sus tórax luminiscentes sobre la superficie de los termiteros con el fin de atraer a los insectos voladores y así convertirlos en sus presas.[104]

Como curiosidad, Emilio Salgari, en su maravillosa novela *El Corsario Negro*,[105] menciona en varias ocasiones a los cocuyos, que son usados por los protagonistas para iluminarse en la noche.

> … El filibustero, ayudado por Wan Stiller, tomó delicadamente los cocuyos y los ató de dos en dos a los tobillos de sus compañeros, procurando no estrangularlos. Aquella operación, no muy fácil, requirió una media hora, pero finalmente todos quedaron provistos de aquellos farolillos vivientes.
>
> –Ingeniosa idea –dijo el Corsario.
>
> –Practicada por los indios –respondió el catalán–. Con estas luciérnagas podemos evitar los obstáculos que llenan la selva.
>
> –¿Estáis listos?

¿**Sabes por qué** algunos insectos son atraídos por la luz de las bombillas? El movimiento circular que hacen en torno a ellas se debe a que los insectos están acostumbrados a que la luz natural les llegue de igual forma a los dos ojos. Sin embargo, la luz de la bombilla les da más en un ojo que en otro, por lo que tienden a mover más una de las dos alas, con el posterior movimiento circular.

PARTE II
Compartiendo recursos

PARA QUÉ SIRVE

LA TERNURA
ISABELLA GUANZINI

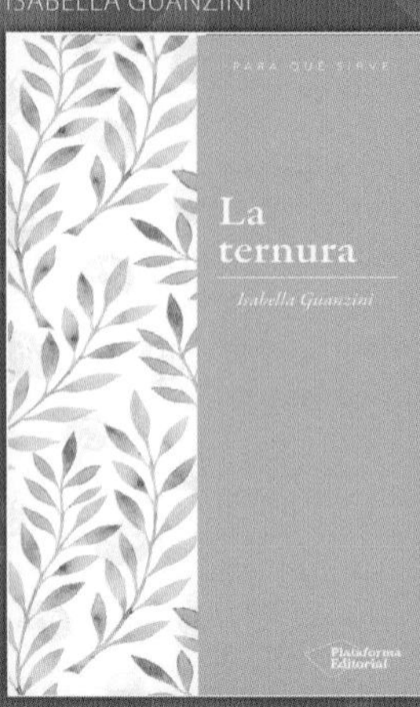

COLECCIÓN
Para qué sirve

PRECIO
15,00 €

ISBN
978-84-17376-22-2

LA CURIOSIDAD
FLAVIA MANNOCCI

COLECCIÓN
Para qué sirve

PRECIO
15,00 €

ISBN
978-84-17376-26-0

LA ALEGRÍA
FRÉDÉRIC LENOIR

COLECCIÓN
Para qué sirve

PRECIO
15,00 €

ISBN
978-84-17376-28-4

LA EMPATÍA
LUIS MOYA ALBIOL

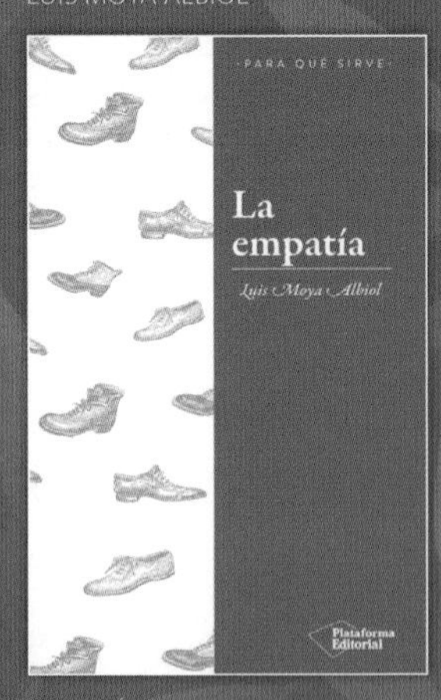

COLECCIÓN
Para qué sirve

PRECIO
15,00 €

ISBN
978-84-17376-24-6

SALUD Y VIDA PLENA

COLECCIÓN
actual

ISBN
978-84-17376-07-9

PRECIO
17,00 €

EMPIEZA POR LOS ZAPATOS
ANDREA AMORETTI

COLECCIÓN
actual

ISBN
978-84-17114-48-0

PRECIO
12,00 €

PON TU VIDA EN ORDEN
ALICIA IGLESIAS

COLECCIÓN
actual

ISBN
978-84-17114-57-2

PRECIO
16,00 €

LA BUENA NUTRICIÓN
VICTORIA LOZADA

MOTIVACIÓN

LIDERAR EQUIPOS COMPROMETIDOS
PEP MARÍ

COLECCIÓN
empresa

PRECIO
15,00 €

ISBN
978-84-16820-80-1

JUGAR CON EL CORAZÓN
XESCO ESPAR

COLECCIÓN
testimonio

PRECIO
15,00 €

ISBN
978-84-96981-75-1

¡BUENAS NOCHES, SPOT!
ERIC HILL

COLECCIÓN
patio
ISBN
978-84-16620-27-2
PRECIO
12,90 €

¿Qué hace Spot antes de irse a dormir?

¡HOLA, SPOT!
ERIC HILL

COLECCIÓN
patio
ISBN
978-84-16620-94-4
PRECIO
18,90 €

Un libro interactivo con el simpático títere de mano de Spot. Cada página tiene un texto simple que anima a los niños a actuar: cantar, bailar, saludar con Spot y sus amigos.

NOSOTROS
HECTOR DEXET

COLECCIÓN
patio
ISBN
978-84-17002-43-5
PRECIO
12,90 €

Un colorido libro que muestra el cuerpo humano a los más pequeños.

ANA Y VALENTINA

DANNY PARKER
Y FREYA BLACKWOOD

COLECCIÓN
patio

ISBN
978-84-17002-19-0

PRECIO
14,90 €

La amistad es como un viaje en tren.

¿DÓNDE ESTÁ OSO?

JONATHAN BENTLEY

COLECCIÓN
patio

ISBN
978-84-16820-59-7

PRECIO
13,90 €

Es casi la hora de acostarse, y un niño pequeño no puede encontrar su querido Oso…

EL RATÓN QUE QUERÍA HACER UNA TORTILLA

DAVIDE CALI Y MARIA DEK

COLECCIÓN
patio

ISBN
978-84-17002-45-9

PRECIO
16,00 €

Érase un ratón que quería hacer una tortilla y no tenía huevos.

MUJERES SABIAS

COLECCIÓN
editorial

ISBN
978-84-17114-69-5

PRECIO
20,00 €

17 MUJERES PREMIOS NOBEL DE CIENCIAS
HÉLÈNE MERLE-BÉRAL

COLECCIÓN
editorial

ISBN
978-84-17114-86-2

PRECIO
12,90 €

CÓMO HACER LEER A LOS HOMBRES DE TU VIDA
VINCENT MONADÉ

COLECCIÓN
actual

ISBN
978-84-17114-94-7

PRECIO
19,90 €

INTELIGENCIA ANIMAL
EMMANUELLE POUYDEBAT

IMPRESCINDIBLES

REINVENTARSE
DR. MARIO ALONSO PUIG

COLECCIÓN
actual

PRECIO
17,00 €

ISBN
978-84-15577-09-6

VIVIR SIN JEFE
SERGIO FERNÁNDEZ

COLECCIÓN
empresa

PRECIO
19,00 €

ISBN
978-84-96981-52-2

PATERNIDAD Y EDUCACIÓN

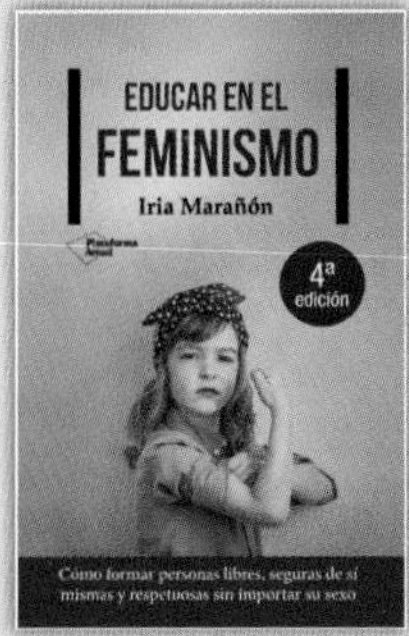

COLECCIÓN
actual

ISBN
978-84-17114-50-3

PRECIO
18,00 €

EDUCAR EN EL FEMINISMO
IRIA MARAÑÓN

COLECCIÓN
actual

ISBN
978-84-17376-03-1

PRECIO
16,00 €

EDUCAR LA ATENCIÓN
LUIS LÓPEZ GONZÁLEZ

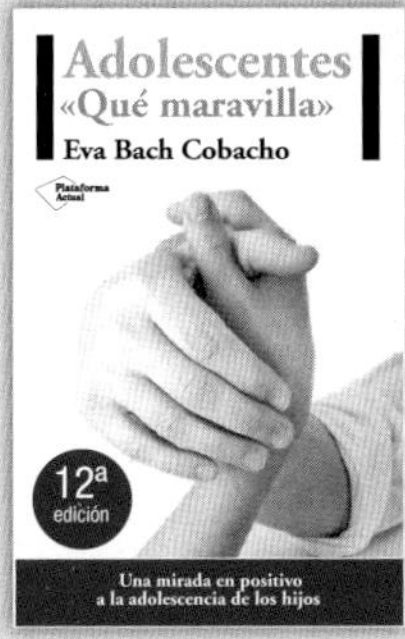

COLECCIÓN
actual

ISBN
978-84-96981-07-2

PRECIO
16,00 €

ADOLESCENTES
EVA BACH

COLECCIÓN
actual

ISBN
978-84-17114-59-6

PRECIO
16,00 €

HIPERNIÑOS
EVA MILLET

COLECCIÓN
actual

ISBN
978-84-17376-09-3

PRECIO
18,00 €

PREVENIR EL NARCISISMO
JULIO RODRÍGUEZ

COLECCIÓN
testimonio

ISBN
978-84-16820-82-5

PRECIO
15,00 €

SER MAESTRO
RAÚL BERMEJO

NEO

COLECCIÓN
neo
ISBN
978-84-17376-15-4
PRECIO
18,90 €

PÁJARO AZUL
CLARA CORTÉS

COLECCIÓN
neo
ISBN
978-84-17114-61-9
PRECIO
17,00 €

¡EH, SOY LES!
ANDREA SMITH

COLECCIÓN
neo
ISBN
978-84-17002-91-6
PRECIO
17,90 €

LA OPORTUNISTA
TARRYN FISHER

COLECCIÓN
neo
ISBN
978-84-17114-20-6
PRECIO
17,90 €

EL VALLE OSCURO
ANDREA TOMÉ

COLECCIÓN
neo
ISBN
978-84-17114-90-9
PRECIO
17,90 €

LA ESTRELLA DE MIS NOCHES
MIKE LIGHTWOOD

COLECCIÓN
neo
ISBN
978-84-17114-52-7
PRECIO
18,90 €

EL CLUB DE LOS ETERNOS 27
ALEXANDRA ROMA

Plataforma Editorial cede el **0,7%**
de las ventas de todos sus títulos a ONG

LA MEJOR EDUCACIÓN

EL CEREBRO DEL NIÑO...

DR. ÁLVARO BILBAO

COLECCIÓN **actual** | PRECIO **18,00 €**

ISBN **978-84-16429-56-1**

CUIDA TU CEREBRO

DR. ÁLVARO BILBAO

COLECCIÓN **actual** | PRECIO **18,00 €**

ISBN **978-84-15750-61-1**

Derechos de traducción vendidos a 8 países

TODOS A LA CAMA

DR. ÁLVARO BILBAO

COLECCIÓN **actual** | PRECIO **17,00 €**

ISBN **978-84-17002-93-0**

Suscríbete a la **Newsletter**
y recibe información de **nuestras novedades**

ENFOQUE MONTESSORI

COLECCIÓN
actual
ISBN
978-84-17002-36-7
PRECIO
19,50€

EL HUERTO EN CASA AL ESTILO MONTESSORI
CRISTINA TÉBAR

COLECCIÓN
actual
ISBN
978-84-17002-83-1
PRECIO
17,00 €

MONTESSORI PARA BEBÉS
CHARLOTTE POUSSIN

Montessori en casa — El cambio empieza en tu familia — Cristina Tébar — 7ª edición — Cómo educar niños autónomos y felices con el enfoque Montessori

COLECCIÓN
actual
ISBN
978-84-16820-10-8
PRECIO
14,00 €

MONTESSORI EN CASA
CRISTINA TÉBAR

INTELIGENCIAS

COLECCIÓN
actual
ISBN
978-84-15115-30-4
PRECIO
18,00€

INTELIGENCIA COMERCIAL
LUIS BASSAT

COLECCIÓN
actual
ISBN
978-84-17002-47-3
PRECIO
16,50 €

INTELIGENCIA FÍSICA
JAVIER SANTAOLALLA

Consulte en nuestra página web otros títulos de la serie inteligencias: www.plataformaeditorial.com

COLECCIÓN
actual
ISBN
978-84-16620-41-
PRECIO
18,00 €

INTELIGENCIA MATEMÁTICA
EDUARDO SÁENZ DE CABEZÓN

LOS LIBROS DE VICTOR KÜPPERS

VIVIR LA VIDA CON SENTIDO
VICTOR KÜPPERS

Este libro te ayudará a darte cuenta de que lo más importante en la vida es que lo más importante sea lo más importante. En definitiva, una obra sobre valores, virtudes y actitudes para ir por la vida, porque ser grande es una manera de ser.

COLECCIÓN
actual
ISBN
978-84-16620-79-1
PRECIO
17,00 €

Un libro práctico, útil, aplicable, simple, nada complejo y con un poco de humor, en el que se explican todas aquellas técnicas y metodologías de venta que han funcionado al autor, que dan resultado. Una obra que va al grano, que pretende darnos ideas que podamos utilizar inmediatamente. Ideas que están ordenadas fase a fase, paso a paso.

COLECCIÓN
actual
ISBN
978-84-17002-55-8
PRECIO
18,00 €

Vender
como cracks
Técnicas prácticas y eficaces
que no utilizan los merluzos
Plataforma
Actual
4ª
edición
Victor Küppers
Autor de *Vivir la vida con sentido*
Para vender, o enamoras o eres barato

VENDER COMO CRACKS
VICTOR KÜPPERS

Encuentra en tu **librería** habitual
cualquier título de nuestro catálogo

LIBROS FEEL GOOD™

COLECCIÓN
testimonio
ISBN
978-84-17114-26-8
PRECIO
17,00 €

LA SONRISA VERDADERA
SERGIO AZNÁREZ, JUANMA AZNÁREZ Y MARI ROS ROSADO

COLECCIÓN
testimonio
ISBN
978-84-16820-55-9
PRECIO
15,00 €

CUENTA SIEMPRE CONTIGO
BORIS MATIJAS

Plataforma Editorial y la Obra Social "la Caixa" convocan la cuarta edición del Premio FEEL GOOD®

El plazo de admisión de originales se cerrará el día 30 de julio de 2018

REPENSAR LA SOCIEDAD

COLECCIÓN
actual
ISBN
978-84-17114-72-5
PRECIO
16,00 €

FAKE NEWS
MARC AMORÓS GARCIA

COLECCIÓN
actual
ISBN
978-84-17376-11-6
PRECIO
18,00 €

EL DEBER MORAL DE SER INTELIGENTE
GREGORIO LURI

COLECCIÓN
editorial
ISBN
978-84-17114-80-0
PRECIO
14,00 €

EL HOMBRE SUPERFLUO
ILIJA TROJANOW

15. Los basureros de la naturaleza

«Un día estás vivo y arrastrándote por el mundo y al siguiente te has convertido en un frío fertilizante, en bufet para gusanos.»

CHUCK PALAHNIUK, *El club de la lucha*

Los rebaños dispersos por nuestros campos producen grandes cantidades de heces, pero, sin embargo, sobre el suelo no se percibe mucho estiércol y tampoco cadáveres de micromamíferos o invertebrados. ¿Dónde han ido a parar?, ¿quiénes se ocupan de que desaparezcan?

La respuesta es muy sencilla. A las deyecciones y cadáveres de vertebrados, a los de algunos invertebrados (caracoles, ciempiés y milpiés) y a otros restos, como las egagrópilas de rapaces, llega una oleada de insectos muy característica: escarabajos y moscas. Para estos, las heces y los cadáveres representan no solo una rica fuente de energía, sino que, además, constituyen un hábitat que seleccionan para la puesta, el desarrollo y la nidificación de sus larvas.

La impagable labor de los escarabajos peloteros

Los escarabajos coprófagos constituyen el grupo dominante de las primeras oleadas de consumidores que colonizan las deyecciones de vertebrados, particularmente mamíferos. Miles de individuos y docenas de especies pueden ser atraídos por un excremento en latitudes templadas y tropicales.

Por su abundancia y diversidad, entre los coleópteros coprófagos no hay ninguna duda de que los que se llevan la palma son los escarabeidos (*Scarabaeidae*). Son los llamados escarabajos peloteros, los que podríamos decir que tienen «una vida de mierda», porque para estos insectos las heces son su sustento, su trabajo y su nido. En el ámbito de los insectos, su elevada biodiversidad tal vez no resulte excepcional. La cifra de siete mil especies de escarabeidos coprófagos representa un insignificante 0,004 % de toda la diversidad animal. Sin embargo, se trata de un número similar al de la diversidad global de aves (8.600 especies).

La distribución de estos insectos es muy desigual: en una región templada de 2.600 km^2 pueden coexistir en la misma época sesenta especies y en un pastizal de montaña, más de cuarenta. Las cifras son espectaculares en el continente africano: una boñiga de elefante (un kilo y medio) puede albergar hasta dieciséis mil escarabajos que, rodando, enterrando y comiendo, son capaces de hacer desaparecer todo el excremento en dos horas.[106]

El nombre de «escarabajo pelotero» se debe a que arrastra cada día bolas de heces de hasta doscientas veces su propio peso. Son unos verdaderos *gourmets* de las heces de los herbívoros, de ahí que rastreen su aroma, huelan su objetivo desde kilómetros de distancia y lleguen volando en enjambres directos a su comida. Su primera característica es que en muy poco tiempo pueden reducir lo que antes era materia descompuesta inservible a una parte fundamental de su dieta.

En la actualidad, y aunque pueda no parecerlo, el estiércol es un alimento escaso y efímero, por lo que los escarabajos compiten por él muy intensamente. Para asegurarse una porción, los escarabajos deben llegar a las heces lo más rápido posible (generalmente en pocos minutos) y cada uno debe enterrar su parte velozmente, para que no se la roben. Para esto hacen túneles subterráneos a través de los cuales van moviendo sus porciones de estiércol hasta el lugar donde se alimentarán de él o donde construirán sus nidos, colocando sus huevos dentro de las bolitas de estiércol. De esta forma, la materia fecal desaparece pronto de la superficie y es incorporada al suelo.[107]

Enterrar el estiércol tiene la ventaja de sustraerlo del alcance de los competidores y, para ello, los escarabajos se ven obligados a trabajar rápidamente. Suelen formar parejas sexuales y trabajan en equipo, aunque la mejor estrategia para obtener a la mayor celeridad una pelota es robarla.[108] Después de la puesta de huevos, abandonan el túnel y salen volando en diferentes direcciones hasta llegar a una nueva masa de estiércol donde encontrar otro compañero y reproducir el ciclo de la vida.

Se ha calculado que los escarabajos entierran más de una tonelada de excremento al año, y este, como todos los anteriores, es un dato indicativo de que este insecto es de suma importancia para el ecosistema: los peloteros constituyen un eslabón indispensable de las cadenas alimentarias, pues reciclan la materia orgánica procedente de los seres vivos para que las plantas puedan volver a alimentarse de ella.

Los escarabajos que habitan en los pastizales ganaderos encuentran su alimento con facilidad, pues la mayoría de ellos ayudan a limpiar el pasto al enterrar el estiércol y usarlo para alimentarse y reproducirse. Cuando estos insectos realizan esta tarea, favorecen la descomposición y la desintegración de la boñiga, ya sea directamente, a través de su consumo, o bien indirectamente, influyendo en sus propiedades físicas y químicas. El rompimiento y aireación de la materia fecal acelera el metabolismo microbiano, con lo que esta se descompone y de este modo también se liberan más fácil y rápidamente compuestos que pasan a formar parte del suelo, como fósforo, potasio, amoníaco, nitrógeno y carbono. Por otra parte, al utilizar y ayudar a desintegrar el estiércol, los escarabajos destruyen los huevecillos de otros organismos que pueden ser nocivos, como son los helmintos (gusanos parásitos) y nematodos (gusanos redondos), que perjudican la salud del ganado. Además, las heces que entierran contienen semillas, lo que permite abonar la tierra, acelerar el proceso de reciclar nutrientes y cubrir de pasto las planicies donde los mamíferos se alimentan.

Los beneficios que trae el escarabajo no se quedan aquí: su labor con el estiércol impide que los nutrientes se pierdan arrastrados por las lluvias y permite una mejor penetración de las aguas de lluvia para irrigar el suelo, reduciendo los costes en fertilizantes, que agotan la tierra.

Todos hemos escuchado en alguna ocasión que los gases de las vacas contribuyen al calentamiento global, y así es, pero esto ocurre con todo el ganado en general.

El tipo de gas de efecto invernadero que producen es el metano (CH_4), un gas más perjudicial que el CO_2 (dióxido de carbono), y con el que el ganado contribuye entre un 35 y un 50 % al total de metano antrópico emitido a escala mundial. De hecho, una sola vaca puede generar entre cien y doscientos litros de este gas al día, que libera al medio a través de sus eructos o ventosidades.

¿Y qué tienen que ver los escarabajos peloteros en todo esto?

Hasta ahora nadie había estudiado si los artrópodos que viven y se alimentan del estiércol podrían ayudar a reducir las emisiones de los gases que de allí salen; pues bien, un equipo de investigadores de la Universidad de Helsinki midió los flujos de dióxido de carbono (CO_2), metano (CH_4) y óxido nitroso (N_2O) con y sin la presencia de escarabajos peloteros coprófagos y observaron que la presencia de los escarabajos hace que el flujo de dichos gases se reduzca considerablemente.[109]

Cadáveres y bichos

La participación de los insectos necrófagos en el proceso de descomposición de los cadáveres se conoce desde hace siglos. No obstante, no se había establecido ninguna relación entre los gusanos que colonizaban los cuerpos y la puesta de las moscas. Se pensaba que dichos gusanos aparecían después de la muerte por generación espontánea, creencia que todavía perdura en el inconsciente colectivo. En 1668, Francesco Redi, médico italiano, demostró que las larvas que se desarrollaban sobre el cadáver surgían de los huevos puestos por hembras de dípteros.

Cuando en nuestras casas descubrimos, horrorizados, un montón de gusanos culebreantes bajo un trozo de carne que dejamos reposando durante bastante tiempo, estamos viendo, por regla general, a las larvas de la moscarda gris o la moscarda azul de la carne. No es nada extraño, muchos insectos toman exclusivamente aquellos alimentos de los que han estado viviendo millones de años sus padres y sus incontables antepasados.

Un cadáver, carne podrida y otras cosas por el estilo constituyen una fuente de alimento, un lugar de reproducción o un refugio para toda una fauna de invertebrados que lo reducirán al estado de esqueleto. Los insectos que colonizan un cadáver lo hacen de forma secuencial, y la naturaleza y la descomposición dependen del tamaño del cadáver y de las condiciones climatológicas y edáficas en las que se encuentre.

Diferentes familias de moscas (*Calliphoridae* y *Sarcophagidae*) se ven atraídas por los gases desprendidos durante las primeras fases de degradación de los cadáveres (amoníaco, ácido sulfhídrico, nitrógeno y dióxido de carbono) y realizan la puesta de sus huevos en orificios naturales, en heridas o en la superficie en contacto con el sustrato, donde la humedad es elevada debido a la secreción de fluidos. Los adultos se alimentan de los fluidos del cadáver, pero, sin embargo, son las larvas los verdaderos descomponedores, gracias a las secreciones enzimáticas proteolíticas que, junto con los ganchos de su aparato bucal, producen y ocasionan la lisis de los tejidos.

Cuando las vísceras comienzan a descomponerse, a las partes líquidas acuden los dípteros fóridos, drosofílidos y sírfidos. Por último, las larvas o los adultos de coleópteros derméstidos, trógidos y cléridos se comerán las partes queratinizadas, y las orugas de tineidos (*Lepidoptera*) se alimentarán de los pelos y las plumas restantes.[110]

Pero es el grupo de los sílfidos (*Coleoptera*) el que tiene una mayor incidencia en la destrucción de los cadáveres, puesto que su acción es comparable a la que pueden ejercer los dípteros.[111] Dentro de esta familia, las especies más estudiadas han sido las pertenecientes al género *Nicrophorus*,[112] coleópteros bastante notables y, generalmente, adornados con bellos colores en tonos negro y amarillo o anaranjado. Dotados de un olfato extraordinariamente fino, perciben el olor de un animal muerto desde una gran distancia y se apresuran a acercarse al osario, que es a la vez una fuente de alimento selecto y una cuna para su descendencia.

Cuándo entran en acción los enterradores

Los enterradores son para los cadáveres lo que los escarabajos peloteros para los excrementos: cuando el cadáver es el de un animal muy pequeño, un ratón campestre, una musaraña, o un pequeño gorrión, el enterrador, que nunca llega solo a los lugares del festín, se apresura, junto con sus congéneres, a cavar el suelo debajo del cadáver. Con un celo incomparable, estos insectos sacan la tierra y, poco a poco, el cuerpo del animal se va hundiendo en el suelo. Cuando el cuerpo ha sido sepultado, se dan un gran banquete con él, a solas y libres de competencia de otros comedores de carroña. Las hembras ponen sus huevos en ella y las larvas crecen y se alimentan de la misma comida; después, estas hacen eclosión y completan su desarrollo en la masa de carne descompuesta e inmunda, pero que constituye para ellas un manjar selecto. Los adultos, por su parte, parten en busca de un nuevo osario.

La rápida descomposición de los cadáveres tiene gran importancia en el ciclo de los nutrientes, lo que tiene una acción directa en la fertilidad del suelo y en la composición de la vegetación. Los altos niveles de nitrógeno que se liberan cuando un cadáver es depositado en el suelo son muy tóxicos y llegan a marchitar la vegetación circundante; por otra parte, se produce una pérdida importante de nitrógeno, que se volatiliza en la atmósfera. Cuando los cadáveres son enterrados, se produce asimismo una incorporación al suelo de elementos minerales, lo que provoca un enriquecimiento de los horizontes edáficos adyacentes, que, a su vez, atraen a las poblaciones de microartrópodos del suelo.[113] Además, incrementan de manera significativa la relación de bacterias/hifas micelianas, con lo que favorecen el desarrollo de bacterias amonificantes que aceleran el reciclaje de los restos orgánicos y, por lo tanto, la circulación de nitrógeno en el ecosistema.[114]

En 1767 Carlos Linneo informó de que «la progenie de tan solo tres moscas devoraba el cadáver de un caballo a la velocidad de un león».[115]

¿**Sabías que** el *Onthophagus taurus* (escarabajo pelotero cornudo) es el insecto más fuerte del mundo? Su asombrosa fuerza hace que este insecto sea capaz de levantar más de mil veces su propio peso.

16. El bosque carcomido

«¿Sabrán los cedros del Líbano
y los caobos de Corinto
que sus voraces enemigos
no son la palma de Camagüey
ni el eucalipto de Tasmania
sino el hacha tenaz del leñador,
la sierra de las grandes madereras,
el rayo como látigo en la noche?»

MARIO BENEDETTI, «De árbol a árbol»

Entre las miles de especies de insectos con las que convivimos, hay algunas que nos preocupan especialmente, y es que cuando a los humanos nos *preocupa* una especie animal quiere decir que o bien esto se debe a que sacamos provecho económico de ella o a que amenaza nuestros intereses. Algo lógico, por otro lado.

Pocas especies han sido tan estudiadas como las abejas. El estudio de estos insectos nos ha permitido obtener miel desde hace miles de años, pero en el juego de fuerzas de la naturaleza también hay especies de insectos que atacan la comida almacenada, la madera de nuestras casas o causan daños a los cultivos, y las hay, asimismo, que se alimentan de diferentes partes de los árboles.

Un bosque es un sistema natural, es cierto, pero también es un sistema productivo. Los bosques son ecosistemas imprescindibles para la vida, son el hábitat de multitud de seres vivos, regulan el agua, conservan el suelo y la atmósfera y suministran multitud de productos útiles. Tanto es así que la vida humana ha mantenido una estrecha relación con el bosque y muchas culturas se han apoyado en productos que obtenían de él: madera para usarla como combustible o en la construcción, carbón vegetal, imprescindible en la primera industria del hierro, caza, resinas, frutos, fármacos, etcétera. Desvinculados, hasta cierto punto, de esta formación vegetal como sistema productivo, ahora existen otros aspectos que nos hacen volver la mirada hacia él: el paisaje, la conservación de la diversidad biológica, el recurso turístico o el lugar donde desarrollar actividades de ocio como paseos, deportes al aire libre o la recolección de setas y trufas.

Si uno va de paseo por el bosque y pregunta a un gestor forestal cuáles son los mayores destructores de esta riqueza, el interpelado posiblemente fije su atención en dos puntos: en las raíces y en las hojas de los árboles. Además de eso, levantará las capas de musgo que tapizan el suelo y observará las cortezas de los árboles que hay debajo. Porque, aunque los insectos no son los únicos que «estropean» el bosque, sí que son los que llevan la batuta en este «desconcierto», y de todos ellos en general son los escarabajos y las mariposas, a causa de sus larvas, los animales más «antipáticos» para el gestor forestal.

Pese a todo, bien sabemos ya a estas alturas que lo que está ocurriendo es un ciclo de nutrientes: los herbívoros, como consumidores primarios, se alimentan de plantas y obtienen de ellas nutrientes y energía que, a su vez, se pasa a los carnívoros, y de estos a los descomponedores.

Al flujo de energía a través de los seres vivos se lo conoce como **red trófica** o **cadena alimentaria**, y a cada uno de los niveles por los que pasa se los conoce como **niveles tróficos**. Por lo tanto, árboles viejos, enfermos y muertos sufren el ataque de una multitud de organismos y, entre ellos, de los fitófagos, defoliadores, perforadores y otros xilófagos. En definitiva, de los insectos responsables del «bosque carcomido».

Los insectos defoliadores son, en su mayoría, lepidópteros, y no significan por sí mismos un peligro para la vida del árbol, ya que sus hojas se renuevan en pocos meses. Los defoliadores eligen el alimento en función de la especie, la edad, las hojas, su dureza o su posición en el árbol. Las orugas de las mariposas defoliadoras atacan de dos maneras: hay especies que lo hacen por el exterior de las hojas (defoliadoras verdaderas) y las hay que minan las hojas, a las que atacan por el interior para consumir el parénquima (que es el tejido vegetal fundamental constituido por células de forma más o menos esférica donde se produce la fotosíntesis y la respiración). La destrucción de las acículas predispone a las coníferas a los ataques de los insectos xilófagos, que, en el momento de las grandes defoliaciones, como, por ejemplo, el lepidóptero lagarta peluda (*Lymantria dispar*), han aniquilado poblaciones extensas de arbolado. En consecuencia, ya que es fácil deducir que la defoliación disminuye la resistencia del árbol, se reduce también la fotosíntesis y la formación de órganos reproductores, lo que puede comprometer la regeneración y permite la colonización de, entre otros, los temidos xilófagos escolítidos (coleópteros).[116]

En mi primera exploración en la biblioteca del Departamento de Zoología me llamaron la atención *La vida de los insectos* y *Recuerdos entomológicos*, ambas del entomólogo francés del siglo XIX Jean-Henri Fabre (para muchos el padre de la entomología moderna). Por su interés en este capítulo, entresacaré unos breves párrafos de sus textos sobre una especie de mariposa: la *Lymantria dispar*.

> –¿Veis estas dos mariposas, una más grande y otra más pequeña, de colores y dibujos diferentes?
>
> –Sí, ¿cómo se llaman?
>
> –El nombre vulgar de esta especie es «lagarta peluda». Y, a pesar de que los dos ejemplares no se parecen en nada, son la misma especie. La pequeña es el macho y la mayor es la hembra. Todo es bueno para la oruga de la «lagarta peluda»: árboles frutales y forestales los devora indistintamente. Como es grande, unas cuantas docenas bastan para despojar al árbol de su verdor. Es decir, es una extraordinaria defoliadora.

En efecto, infestaciones severas de esta mariposa pueden ocasionar la defoliación completa del hospedante, facilitando que otras enfermedades lo afecten.

La lagarta peluda produce daños sobre los robles, encinas, alcornoques y otras especies frondosas. Inicialmente, los daños aparecen como agujeros en las hojas nuevas, pero cuando la larva va creciendo la alimentación también atacará al margen y, en los últimos estadios, consumirá toda la hoja. Si la brotación no se ha producido cuando nace la larva, se alimentará de las yemas, pero sin destruirlas, de modo que se produzca la brotación y, posteriormente, atacará los brotes

EÓN	ERA	PERÍODO	ÉPOCAS	MILLONES DE AÑOS	GRANDES ACONTECIMIENTOS
Fanerozoico	Cenozoico	Cuaternario	Holoceno		
			Pleistoceno	1,7	Primeros hombres modernos
		Terciario	Plioceno	5,2	Primeros homínidos erectos
			Mioceno	23	Primeros simios
			Oligoceno	36	Mamíferos modernos
			Eoceno		
			Paleoceno	66	Aves terrestres gigantes
	Meso-zoico	Cretácico		144	Primeras plantas con flor
		Jurásico		210	Primeras aves
		Triásico		245	Primeros dinosaurios y mamíferos
	Paleozoico	Pérmico		286	Radiación de reptiles
		Carbonífero		330	Primeros anfibios / Insectos gigantes
		Devónico		407	Primeros tetrápodos
		Silúrico		440	Primeros peces con mandíbulas
		Ordovícico		505	Primeros vertebrados
		Cámbrico		540	Origen de muchos filos y clases de invertebrados
Precámbrico		Proterozoico			Primeras formas de vida pluricelulares
		Arcaico			Primeras formas de vida unicelulares

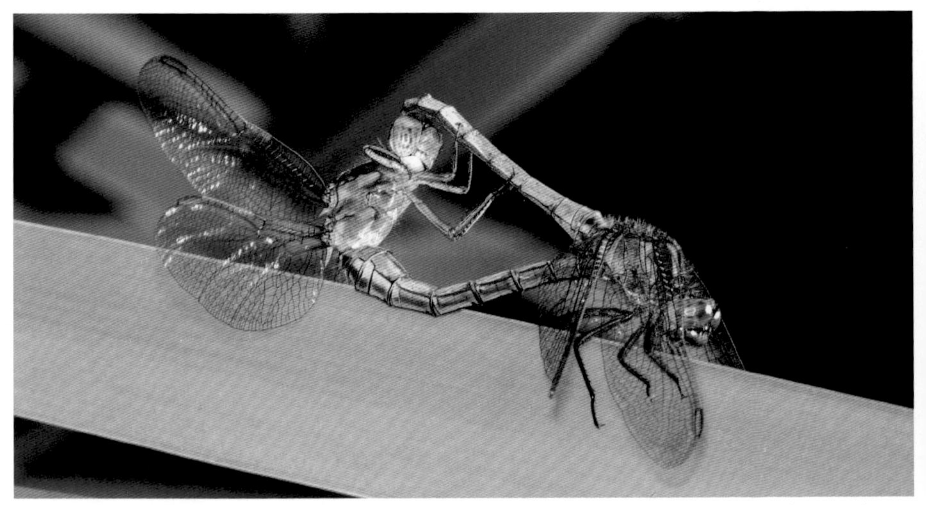

Orthetrum coerulescens en cópula adquiriendo en tándem la característica forma de corazón exclusiva de este orden de insectos [Foto: Fernando Cobo].

Mantis religiosa (mantis religiosa o Santa Teresa). La mantis es carnívora y una paciente depredadora. Es capaz de aguardar a su presa, a quien espera casi inmóvil para atacar por sorpresa y con rapidez [Foto: J. C. Otero].

Panorpa communis (mosca escorpión). Los últimos segmentos del abdomen se asemejan a la «cola» de un escorpión, ya que terminan en una pinza que utilizan durante la cópula, de donde proviene su nombre popular [Foto: Adolfo Cordero].

Argynnis paphia (la nacarada) muestra en el anverso de las alas un patrón de colores con líneas o manchas marrones sobre un fondo anaranjado se denomina dameros, por recordar el tablero de un juego de ajedrez o damas [Foto: J. C. Otero].

Apis mellifera (abeja de la miel). Visitando una planta; es uno de los principales polinizadores del planeta [Foto: Adolfo Cordero].

Oruga de *Papilio machaon*. Sus brillantes colores advierten que no es comestible [Foto Adolfo Cordero].

Leptynia (insecto palo). Estos insectos solamente se muestran activos bien entrada la noche, después del crepúsculo, por lo que de día, por culpa de sus grandes dotes de camuflaje resulta muy difícil su localización ya que además permanecen inmóviles [Foto: Adolfo Cordero].

Danaus plexippus (mariposa monarca). La mariposa monarca es posiblemente la mariposa migratoria más famosa. En uno de los puestos de reposo en que se reúnen en gran numero para dormir durante la migración [Foto: José González].

Nido de *Polistes dominulus* (avispa papelera). Obreras de la avispa papelera sobre el pequeño panal de anidada [Foto: Adolfo Cordero].

Nido de *Formica* sp. Estos montículos miden a veces varios metros de diámetro y pueden albergar a más de 90.000 individuos [Foto: Alberto Tinaut].

Philanthus triangulum **(el lobo de las abejas). Transportando a su presa entre sus pata a un nido construido previamente en el suelo y tapado con arena para camuflarlo** [Foto Francisco Rodríguez Luque].

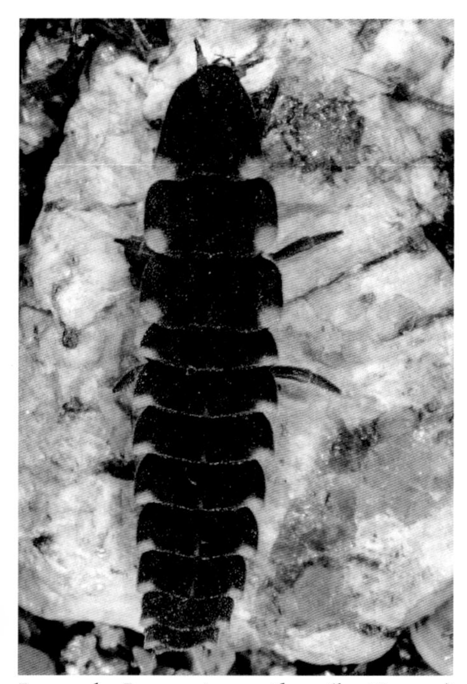

Larva de *Lampyris noctiluca* (luciérnaga) (larva). Las larvas de luciérnaga, conocidas como «gusanos de luz». Este insecto es muchísimo más eficaz que los procedimientos ideados por el hombre. [Foto: Fernando Cobo].

Nicrophorus vespilloides (escarabajo enterrador). Entierran completamente a pequeños cadáveres de animales, en pocas horas, para alimentarse de él bajo tierra [Foto: J. C. Otero].

Lucanus cervus (ciervo volante). El ciervo volante es, sin duda, el escarabajo más espectacular que se puede ver en la península Ibérica, el macho se ve como un animal de la época prehistórica. Con todo el peso, el ciervo volador aún consigue elevarse en un vuelo ruidoso [Foto: Adolfo Cordero].

Eristalis tenax (mosca zángano también llamada mosca de la cresa de cola de rata). La similitud con las abejas es el origen de su nombre común, mosca zángano. Este disfraz le permite huir mientras su enemigo se piensa si realmente es o no una abeja y por tanto si hay o no aguijón [Foto: Antonio Ricarte].

Tipula oleracea (mosquito de la col). Es el King Kong de los mosquitos, sin embargo, es del todo inofensivo [Foto: Adolfo Cordero].

recién nacidos. Si la plaga es muy intensa, la oruga acabará alimentándose de las hojas viejas y produciendo la defoliación total y, como consecuencia de esto, se puede ocasionar la pérdida de la cosecha de bellota, ya que el crecimiento es nulo; en el alcornoque, además, también puede afectar directamente a la producción del corcho, causando una disminución de su crecimiento y, en ocasiones, su exfoliación.

No es frecuente que los árboles mueran como consecuencia del ataque, pero si este coincide con circunstancias adversas, puede producirse la desaparición de numerosos ejemplares. Si no se dan estas circunstancias, lo normal es que el rebrote se produzca en veinte o veinticinco días y en un mes el follaje esté recuperado.[117]

Entre las especies fitófagas forestales destacan ciertas especies de lepidópteros y, entre ellas, la emblemática mariposa isabelina (*Graellsia isabellae*).[118] Esta singular especie se alimenta de acículas de pino en pinares maduros de la mitad oriental de la península ibérica, y sus plantas nutricias en estado silvestre son el *Pinus sylvestris* y el *Pinus nigra*. Otras especies, como, por ejemplo, *Rhyacionia buoliana* y *Dioryctria albovitella* (*Lepidoptera*), al atacar a los pinos dan a los árboles un aspecto bajo y ramificado.

Conviene destacar que el ataque de un árbol por un fitófago puede hacerlo más sensible a los ataques de otras especies; por ejemplo, cuando el pulgón gallícola (*Aphididae*) ataca al abeto, hay un 30 % de semillas del árbol que son infestadas por las larvas de himenópteros; mientras que en el caso de árboles no atacados, el porcentaje es solo del 3,1 %.[119]

Una gran cantidad de gorgojos perforan los tallos leñosos, algunos en madera sólida y otros en vástagos tiernos.

Quizás el más conocido es el gorgojo del pino (*Pissodes notatus*). En él, los daños más importantes los producen las larvas en la parte baja de los troncos y, en consecuencia, los árboles atacados presentan las acículas de las ramas altas de color rojizo.

Pero de todos los insectos dañinos para el bosque, los escolítidos (coleópteros) son los que, indudablemente, provocan mayores estragos: estos pequeños coleópteros (de dos a siete milímetros) tienen gran importancia como parásitos de coníferas y, secundariamente, de algunas frondosas, ya que destruyen rápidamente al árbol sobre el que se instalan para depositar los huevos y alimentarse. La nocividad de un insecto depende a la vez de su comportamiento –sus sistemas de ataque, su nutrición y su reproducción– y del vigor del árbol. Por esa razón, los escolítidos que penetran en la madera del árbol suelen considerarse parásitos de «carencia», porque atacan a los ejemplares enfermos o debilitados.[120]

Una vez instalados, los escolítidos determinan en la madera lesiones que rápidamente se hacen irreversibles. Algunas especies penetran profundamente en la masa de la xilema; básicamente son especies de los géneros *Xyleborus*, cuyas larvas solo se pueden desarrollar en presencia de hongos del género *Ambrosia*, transportados por las hembras en el momento de la puesta y que tapizan las galerías individuales excavadas por cada larva. Estos hongos desactivan las fuerzas defensivas químicas de los árboles, transformándolas en inofensivas. Como los hongos crecen con mayor velocidad de lo que los escolítidos horadan, siempre van un poco por delante de estos. De esta manera, los escarabajos solo alcanzan el terreno libre de tóxicos y pueden comer sin peligro.[121]

Aparte de estas especies, llamadas «xilófagas estrictas» porque viven en el interior de la madera, todos los escolítidos son en realidad corticolas, es decir, realizan la puesta y se nutren de la corteza y la albura (capa superficial de la madera).[122]

¿Cómo descubre un escolítido los árboles débiles en mitad del bosque?

Ningún insecto posee órganos específicos que le permitan apreciar las fluctuaciones de la presión osmótica de un vegetal, la evapotranspiración o las variaciones del nivel de sustancias orgánicas, factores que caracterizan al árbol debilitado. Sin embargo, a pesar de carecer de tales órganos, los escolítidos descubren el árbol adecuado como si poseyeran un osmómetro capaz de detectar pequeñísimas modificaciones en su equilibrio fisiológico. Tras estudiarlo a fondo, Chararas[123] demostró que la instalación de insectos está ligada a modificaciones de olores exhalados por las coníferas en desequilibrio fisiológico: los insectos localizan el árbol adecuado para instalarse guiándose de las moléculas volátiles de distintos compuestos. En consecuencia, alrededor del árbol se crea un entorno odorífero muy particular, totalmente distinto del resto. Este ambiente actúa sobre los insectos como una señal que ejerce un atractivo a distancia. La instalación de los primeros insectos sobre la planta huésped desencadena a su alrededor una atracción secundaria que permite el encuentro de la pareja y conduce a la invasión generalizada del árbol.[124]

Los guardianes del bosque

Pero no iban a tenerlo tan fácil los insectos que atacan a los árboles, también deben cuidarse de depredadores que los mantienen a raya, ya que los bosques cuentan con una variada fauna que contribuye a mantener el equilibrio de los ecosistemas forestales.

Entre los artrópodos, cobran relevancia ciertas especies de coleópteros carábidos entre los que destacan algunas especies arborícolas de los géneros *Calosoma* y *Lebia*.[125]

Calosoma inquisitor (coleóptero) es un buen ejemplo de depredador en medios forestales: esta especie suele estar ligada a los robledales, donde busca una de sus principales fuentes de alimento, la oruga *Lymantria dispar*, aunque bien es verdad que no muestra una dieta estrictamente monófaga y puede saciar su voracidad con otros insectos (preferiblemente, orugas de otros lepidópteros defoliadores) que encuentre en su camino.[126]

La importancia de la madera muerta

La madera representa en el bosque una cantidad elevada de biomasa que es seguida inmediatamente después por las hojas. Pero mientras que las hojas se renuevan cada año y se descomponen rápidamente, como máximo en algunos meses, la madera es un material que se acumula y que es poco degradable dada su composición química. Esta descomposición se hace en varios años, a menudo incluso en varios decenios.

La presencia de restos leñosos bajo diversas formas es un elemento importante para el mantenimiento de la biodiversidad en los bosques. Numerosos animales dependen de la madera muerta, no solamente insectos, sino también otros muchos invertebrados y vertebrados, entre los que dominan los pájaros, que nidifican en las cavidades y que suelen ser insectívoros. Los troncos de los árboles ofrecen un medio favorable para la germinación de semillas y el desarrollo de árboles jóvenes. Desempeñan el papel de «vivero» y contribuyen a la regeneración del bosque.

¿**Sabías que** las hormigas cazadoras (*Ectatomma*) sirven para controlar las plagas forestales?

17. Las viviendas comunales o las oquedades de los árboles

«El tocón se alza como una isla en medio del mar talado. Desde que ha habido biólogos han buscado las islas para no volverse locos con la abundancia. Las islas se convierten en modelos de comprensión y generalización. Y donde no hay islas hay que inventarlas, aunque solo sea para pasárselo bien.»

FREDRIK SJÖBERG[127]

A diferencia de los árboles más jóvenes y vigorosos, un árbol viejo ofrece en abundancia el recurso «muerte de la madera» y puede convertirse en una vivienda muy apreciada para una gran cantidad de organismos. Al mencionar árboles viejos solemos pensar en árboles ahuecados, y pensamos bien, pues este es un tipo de estructura muy valioso en el bosque. En los más viejos, las paredes pueden aislar muy bien del calor y el frío y, por lo tanto, pueden acoger a pájaros, murciélagos, martas, etcétera.

La mayoría de los animales que dependen de los árboles no les hacen daño alguno. En el tronco pueden encontrarse biotopos especiales de humedad. Así, por ejemplo, cuando un tronco se ahorquilla, en la zona de la horquilla se acumula agua de lluvia y forma una minibalsa que es el hogar de las larvas de mosquitos, de las que se alimentan algunas especies de escarabajos. Otro de estos biotopos son los huecos de los troncos: las oquedades de los árboles pueden considerarse auténticas cajas sorpresa formadas por muy diferentes motivos. Algunas de ellas se generan de manera natural, como la caída de un rayo o la fragmentación de una rama por la acción del viento, por la acción de los pájaros carpinteros, las martas o los murciélagos y, en otros casos, favorecidos por la acción humana, como el manejo y la poda.

Si nos asomamos al interior de estas oquedades y analizamos su contenido, veremos que en ellas se almacena toda aquella materia orgánica vegetal que, por la propia gravedad o por la acción del viento, queda allí retenida (hojas, trozos de corteza, polen, resinas, frutos, etcétera). Este depósito natural, por sus propias características, mantiene elevada la humedad en su interior y actúa de contenedor de agua de lluvia durante variables períodos de tiempo a lo largo del año, y puede ser, en los largos meses estivales de algunos bosques, el único lugar en donde haya agua acumulada. Finalmente, en este hábitat tan particular, tan efímero y tan dependiente de otros factores bióticos y abióticos, incluido el azar, es donde se desarrollan de un modo muy especializado y exclusivo los ciclos de vida de muchos invertebrados, entre los que los sírfidos (moscas cernidoras) y los coleópteros son los más abundantes.[128]

Hace algunos años tuve que impartir la materia de Entomología y solicité a mis alumnos que hicieran un trabajo sobre la riqueza entomológica de diferentes ecosistemas. Cuando la mayoría de ellos pateaban diferentes lugares sin parar, recogiendo insectos a tutiplén, uno de los ello se colgó una escalera al hombro y se dirigió a un bosque próximo al campus en el que había un solitario tronco de roble podrido, y allí hizo su inventario. Mes tras mes, y mientras duró el curso, fue examinando la sucesión de fauna en las distintas estaciones y en los distintos estados de descomposición de la madera. Ni que decir tiene que capturó un elevado número de especies, y de las diferentes categorías tróficas; aunque su resultado, obviamente, fue modesto con relación a las seis mil especies conocidas que pueden vivir en este medio.[129]

A los organismos que dependen de la madera muerta o dañada, savia y hongos de madera se los denomina saproxílicos. Por lo tanto, en cada oquedad se desarrolla una auténtica comunidad, y en oquedades del mismo agujero pueden convivir organismos con múltiples formas de vida: especies xilófagas, es decir, las que fragmentan y degradan, en parte, las moléculas orgánicas; saproxilófagas, las que dependen de la madera más degradada y mezclada con otros restos orgánicos vegetales; saprófagas, que son las que dependen de un sustrato muy degradado, y xilomicetófagas, que dependen para su existencia de la presencia de hongos.[130]

Si observamos atentamente la oquedad de un árbol, no es improbable ver los insectos que se acercan a depositar sus huevos en ella: serán de distintas especies según la estación del año. Sin embargo, el desarrollo y la actividad de sus fases inmaduras permanecerá oculto a nuestros ojos tras la oscuridad del orificio durante largos períodos de tiempo, a veces durante varios años, sin que exteriormente se manifieste ningún cambio apreciable. A veces, ahí dentro se forma un caldo putrefacto que contiene muy poco O_2 y, en estas condiciones, las larvas respiran por largos tubos telescópicos dispuestos en el extremo del abdomen. Debido a esta forma característica, las larvas de *Eristalis tenax* (*Diptera*) son denominadas «larvas de cola de ratón». Y, puesto que nada crece en las oquedades, excepto las bacterias, lo más probable es que las larvas de las moscas de las flores se alimenten de estas.[131]

En insectos con metamorfosis completa, sus fases inmaduras transcurren en el interior de la oquedad. Los adultos nacen generalmente en su interior y, al poco tiempo, salen a la luz para culminar fuera el resto de sus actividades vitales, principalmente la reproducción. En su fase adulta, los requerimientos tróficos son distintos a los que necesitaron en la oquedad; su alimentación ahora depende de otros recursos, como el néctar y el polen, y participan, por lo tanto, en nuevas funciones ecológicas, como, por ejemplo, la polinización. En esta fase adulta presentan una mayor capacidad de dispersión, lo que les permitirá buscar y seleccionar nuevas oquedades donde poder perpetuarse como especie, si bien muchas especies saproxílicas presentan una capacidad de dispersión muy baja, incluso en su fase adulta, y se trata de especies muy difíciles de encontrar en el medio si no es dentro de la oquedad.

Un buen ejemplo de lo dicho lo constituyen las larvas de *Osmoderma eremita* (*Coleoptera*), un escarabajo negro de hasta cuatro centímetros. A esta especie no le gusta caminar y prefiere pasar toda su vida a los pies de un árbol podrido, en la oscuridad del hueco, y, ya que no se desplaza, muchas generaciones de la misma familia pueden vivir en el mismo árbol. Así pues, está claro por qué es necesario conservar estos viejos árboles: si los retiramos de los bosques, esta especie no podrá desplazarse hasta el árbol más cercano y desaparecerá.[132]

A pesar de la inevitable tendencia a imaginar que la fauna habitante de los bosques requiere paisajes frondosos y umbríos, esto no siempre es así, particularmente entre los insectos. Hay muchas especies saproxílicas que rehúyen la sombra y medran en los lugares donde llega gran cantidad de luz. Tiene sentido; buena parte de la madera muerta guarda relación con la creación de claros. Un buen ejemplo de ello es el coleóptero rosalía de los Alpes (*Rosalia alpina*), una especie que vive en hayedos, donde abunda la madera muerta, localizada en los claros del bosque y en las solanas.[133]

Algunas especies, como el *Limoniscus violaceus* (*Coleoptera*), habitan en cavidades que están situadas a ras de suelo, y alguna de ellas puede sobrepasar un metro. Sus paredes interiores están tapizadas por madera muy seca, alcanzada de caries roja en la cual vive el *Ampedus aurilegulus* (*Coleoptera*). El fondo de la cavidad está guarnecido de mantillo, en el cual se desarrollan larvas de cetónidos y de su depredador, el elatérido *Ampedus megerlei* (*Coleoptera*).

Los problemas del ciervo volante

El ciervo volante (*Lucanus cervus*) es el mayor escarabajo de Europa y uno de los más bellos y emblemáticos de nuestra fauna, además de una especie saproxílica por excelencia.[134]

En algunas aldeas y pueblos se sigue manteniendo la creencia de que un ejemplar disecado de estos animalitos puede ser un buen amuleto contra fantasmas y espíritus, y puede que debido a esta tradición su población haya mermado. Pero si la superstición no fuera suficiente problema, a los asuntos del más allá se le han sumado las viejas conocidas causas del más acá: el coleccionismo, por un lado, y fundamentalmente la pérdida de hábitats, por el otro.

Son muchas las características destacables en la vida del ciervo volante. Sin duda alguna, la más llamativa y la que otorga el nombre a la especie es el enorme tamaño de las mandíbulas de los machos. Parecen cuernos, pero en realidad ni siquiera lo son, como acabo de revelar: se trata de mandíbulas muy desarrolladas que les sirven para clarificar territorialmente quién manda en tal o cual arbolito y para sus peleas por emparejarse.

El ciervo volante está asociado a bosques de caducifolios en general y no exclusivamente al roble común (*Quercus robur*) o a quercíneas, como suele pensarse. En la franja atlántica de la península ibérica parece estar presente principalmente por debajo de los seiscientos u ochocientos metros de altitud, en paisajes boscosos y de campiña. Estos últimos se caracterizan por presentar una mezcla de cultivos, huertas, pastos, setos, bosques y plantaciones forestales. Los bosques suelen estar compuestos de castaños (*Castanea sativa*) y otras especies arbóreas y arbustivas de frondosas, entre las cuales el roble común no tiene por qué ser dominante o estar presente. Otro hábitat importante en estos paisajes son los bosques de ribera, con presencia de aliso (*Alnus glutinosa*), fresno de montaña (*Fraxinus excelsior*), álamos (*Populus* spp.) y sauces (*Salix* spp.). Entre ellos, estos maravillosos insectos vuelan al atardecer o por la noche, aunque se pueden observar en menor número a cualquier hora del día. Principalmente se pueden ver desde mayo hasta septiembre, si bien los ejemplares ibéricos son más frecuentes durante el mes de julio. Les atrae la savia azucarada y en fermentación vertida por los árboles heridos.

Las larvas de ciervo volante se alimentan exclusivamente de este recurso. Esto, unido a un ciclo biológico que dura varios años, hace que sean particularmente sensibles a la retirada de madera muerta de nuestras zonas forestales. Por lo tanto, podemos considerarlos excelentes bioindicadores de la salud de un bosque: la larva se desarrolla a expensas de la madera desmenuzada y podrida de las distintas especies de quercíneas, aunque se encuentra también en casi todo tipo de frondosas: hayas, olmos, sauces, fresnos, chopos, alisos, tilos, castaños, nogales, moreras y diversos frutales, como en el peral, el manzano y el cerezo (incluso se ha encontrado en Europa en algunas resinosas como pinos y tuyas), y aprovecha habitualmente los árboles viejos y los abatidos.

¿Está en peligro la fauna saproxílica? La larga historia de uso forestal ha puesto a muchos insectos saproxílicos en una situación delicada. La destrucción, fragmentación y degradación de los bosques ha llevado a la extinción o a reducciones drásticas de abundancia a muchas especies de saproxilófagos.[135] En particular, la actitud negativa de los gestores forestales hacia la presencia de madera muerta en los bosques ha contribuido a la disminución de efectivos de estos insectos. Sin embargo, esta práctica es innecesaria, pues con este tipo de acciones lo único que se consigue es alterar valiosos hábitats, ya que los habitantes de la madera muerta no tienen nada que hacer con los árboles vivos. Cuando están bien nutridos, los árboles sanos en su zona de expansión natural frenan cualquier ataque.

¿**Sabías que** los árboles son los «gobernantes» silenciosos del planeta, ya que con cada uno de ellos coexisten una gran variedad de animales e insectos? En efecto, cada árbol constituye un ecosistema en sí mismo.

18. Los insectos que ayudan a las plantas a tener sexo

> «Usas el sexo para expresar cualquier emoción menos el amor.»
>
> *Maridos y mujeres*, WOODY ALLEN

Se cuenta que hace unos ciento cuarenta millones de años la tatarabuela del magnolio y de la abeja se confabularon e inventaron las flores y las alas, respectivamente. Desde entonces, sus descendientes reproducen uno de los más hermosos, vitales e ingeniosos procesos que se desarrollan en la Tierra: la polinización.

Pero ¿para quién son importantes los polinizadores? ¿Para las plantas? ¿Para los propios polinizadores? ¿Para los seres humanos? ¿Para la biodiversidad en general? ¿Qué insectos cumplen tal función?[136]

A diferencia de otros organismos, los humanos, a partir de nuestra apariencia o voz mandamos señales a otros humanos. Sin embargo, las plantas no atraen a otras plantas y son, además, seres que no se desplazan. Si hay organismos cuya reproducción pareciera imposible, estas son las plantas, y la verdad es que han superado ese problema de una forma inigualable: la utilización de las flores para seducir y facilitar su reproducción.

Desde hace millones de años, las plantas, incluso iniciándose entre ellas, hacen el amor con animales. Casi todas confían su descendencia a los insectos y los pájaros y los atraen con desfiles nupciales muy coloridos, los seducen con la belleza y el perfume, los nutren con el néctar, les ofrecen un refugio para la noche, y luego, como en los mejores *ménage à trois*, los explotan transformándolos en «carteros» para llevar su polen a su destino. Incluso el olor de algunas flores resulta tan apasionante para los machos (de algunas especies de insectos) que estos, atraídos salvajemente por el cóctel de feromonas sexuales femeninas que imitan las orquídeas, alcanzan a eyacular sobre ellas. Y así, nuestras protagonistas llevan ya unos ciento cuarenta millones de años empeñándose en ser igual de inspiradoras que Dante y Sigfrido, y los resultados se reconocen en sus flores.

Las primeras plantas eran polinizadas por el viento, como hoy lo son las gimnospermas, pero el desarrollo de mecanismos de atracción (olores y colores), o bien de partes florales comestibles (pétalos, polen y néctar), motivó una estrecha relación con diferentes grupos de animales y, entre ellos, con los insectos.

Los insectos son organismos especialmente apropiados para polinizar, ya que tienen un tamaño relativamente semejante al de las flores, son muy numerosos y, probablemente su mayor ventaja, son voladores y, por lo tanto, muy móviles. Para una planta, el uso de vectores de polen selectivos tiene la ventaja de que se evita «despilfarrar» grandes cantidades de polen, con el consiguiente ahorro en elementos tan preciados para un vegetal como el nitrógeno.[137]

Las flores y los insectos mantienen una seducción continua. Al igual que podría pasar entre las personas, es necesario que la flor que desea reproducirse tenga un *feeling* con el animal, por lo que las flores zoófilas han evolucionado y se han diversificado en muchas variedades, dando lugar a los síndromes florales. Para que la polinización tenga éxito, plantas y animales deben cumplir una serie de requisitos: el polinizador debe poseer patrones de comportamiento que le permitan ir en busca de flores de color, forma y olores similares a la recién visitadas. Por su parte, la planta adquirió en el curso de la evolución una serie de compuestos volátiles (fragancias) para atraer a los insectos y repeler a los herbívoros.

¿Qué sustancia química decide al polinizador para que visite la flor? ¿Existen compuestos con efectos repelentes?

Los experimentos con flores artificiales que combinan olores con cierta cantidad de azúcar demuestran que los insectos aprenden a asociar fragancia y recompensa. Los entomólogos partidarios de esa capacidad de aprendizaje sostienen que, aunque los insectos pueden presentar preferencias innatas respecto a determinados compuestos volátiles, a lo largo de su vida responderán a cuantas señales de una flor los atraigan. Por lo tanto, los olores florales proporcionan una información que permite a los insectos discriminar entre tipos de flores y decidir cuál visitar. Un ejemplo extremo es el del perfume de la orquídea abejera (*Ophrys scolopax*), que guarda semejanza con las hormonas sexuales femeninas de la abeja solitaria (*Eucera longicornis*). Las abejas machos detectan en el aire ese olor (una mezcla de derivados de ácidos grasos) y se posan sobre las flores, cuya forma y color también recuerdan a las de la abeja hembra. Exhiben entonces la conducta copulatoria que no se aprecia en ausencia del perfume y los insectos acaban empapados de polen. Engañados, vuelan hacia otro encuentro, esparciendo los gametos de la orquídea con cada nuevo intento. Parece que a la abeja fracasada no le perjudica esta ironía de la naturaleza, pues promueven la reproducción de la flor a costa de su propio esfuerzo.

Por otra parte, el polinizador puede recordar aquellas flores que le proporcionan mayor recompensa (néctar, polen, tejidos florales, aceites, resinas...) y, en consecuencia, responderá visitando tales flores. Se trata, por lo tanto, de la respuesta evolutiva a las presiones selectivas que han tenido lugar durante milenios. Es decir, cada planta crea su método de atracción de uno o múltiples polinizadores. A ello se lo denomina «síndrome floral».

Además, debe existir algún grado de «ajuste» morfológico entre el polinizador y la flor, de modo que pueda efectuarse la polinización. Por ejemplo, muchas orquídeas poseen nectarios ocultos a los que solo pueden llegar los insectos de tamaño y forma correctos, de esta forma, la distinta longitud de las piezas bucales de los grupos polinizadores determina el que unas u otras flores sean polinizadas por diferentes especies. En consecuencia, los escarabajos, con aparatos bucales cortos, se alimentan del polen o del néctar de flores con nectarios accesibles, mientras que las largas probóscides de las mariposas les permiten alimentarse de nectarios situados en zonas profundas de la flor. Esto, tan aparentemente sencillo, ha determinado modificaciones en la organización y la forma de la flor a lo largo de la historia de las plantas con flores.

Plantas y polinizadores llevan millones de años evolucionando juntos y, probablemente, constituyen el ejemplo más claro de mutualismo que se puede observar en la naturaleza. Estas dependencias en beneficio mutuo entre una especie animal y otra vegetal han desempeñado una función muy importante en la generación de la biodiversidad en la Tierra. En resumen, la historia evolutiva de las plantas no puede entenderse sin considerar el papel polinizador de los insectos. La forma, el color y el néctar de las flores que tanto apreciamos serían muy diferentes (o posiblemente no existirían) de no cumplir un papel fundamental como atractivo o recompensa para los insectos polinizadores.[138]

Los cambios en el ecosistema y la polinización

Uno de los grandes retos actuales es entender cómo la biodiversidad, en su sentido global de red, responderá ante la variedad de perturbaciones como la pérdida del hábitat, las invasiones biológicas, la sobreexplotación de los recursos naturales o el cambio global. O, por ejemplo, ¿cómo afectará la extinción de una especie a estas redes de interdependencias planta-polinizador o planta-dispersor de semillas? ¿Se verán afectadas una o dos especies o, por el contrario, iniciará una avalancha de extinciones que se propagarán por toda la red?[139]

Si un gestor del medioambiente le preguntara a un científico: «¿Cuántas plantas con flores son polinizadas por animales?», una respuesta honesta por parte del investigador implicaría asumir que «no lo sabemos».

En Europa, el 84 % de los cultivos dependen de la polinización animal y más de cuatro mil variedades vegetales existen gracias a la polinización de las abejas, entre las que se encuentran frutas y verduras como melones, sandías, calabazas, calabacines, almendras, manzanas, peras, albaricoques, melocotones, cerezas, aguacates, frambuesas, pepinos, fresas, kiwis, girasoles, habas, colza, soja y algodón. La polinización animal aumenta la productividad y la calidad de los cultivos que de ella dependen, e incluso los que no dependen de este proceso mejoran su rendimiento y calidad. Numerosos cultivos (sobre todo manzanas, moras y sandías) requieren la fecundación de la mayoría de sus óvulos, sino todos, para obtener una fruta de tamaño y forma óptimos. De hecho, se estima que la polinización por insectos incrementa en un 75 % los rendimientos en frutas y verduras en todo el mundo.

La importancia de la polinización para el hombre radica en que los insectos polinizan tanto las especies vegetales silvestres como plantas de interés agrario, y no solo con una mayor eficacia y productividad, sino que, además, la selección adecuada de la especie de polinizador que puede utilizarse en un cultivo maximiza la fortaleza y la resistencia de las plantas y reduce el uso de plaguicidas.[140]

Para poder producir frutos y semillas, prácticamente todas nuestras cosechas, o sea, nuestra producción alimentaria, depende de la polinización, es decir, de los insectos. ¿Alguien puede imaginar cuántas legiones de seres humanos harían falta para polinizar todas las flores que dan lugar a nuestras cosechas? Mientras que una colonia de abejas puede polinizar alrededor de tres millones de flores en un día, hacen falta más de veinte personas para polinizar un pequeño huerto de manzanas.

Muchos de nosotros pensamos que la comida viene de la tienda de comestibles y tenemos poca idea de su procedencia última. Alrededor de dos terceras partes de las plantas cultivadas de las que nos alimentamos, así como muchos medicamentos de origen vegetal que encontramos en la farmacia, dependen de la polinización que realizan los insectos u otros animales para producir frutos sanos y semillas.

En el año 2018 ya habitamos en el planeta Tierra 7.700 millones de seres humanos, una población que se estima que podría alcanzar los 9.300 millones de personas a mediados de este siglo XXI. Pero... ¿quién polinizará los cultivos que harán falta en un futuro para satisfacer las necesidades de tantos habitantes?

La polinización por insectos es un servicio ecosistémico y también una práctica productiva ampliamente utilizada por agricultores de todo el mundo. Constituye, a su vez, una herramienta de gestión en la que las abejas domésticas, los abejorros y otras pocas especies de abejas son comprados o arrendados por los agricultores en muchos países para complementar la actividad de los polinizadores silvestres locales. Los agricultores tienen claro el beneficio económico de la polinización animal, y por eso ya existe un mercado bien desarrollado en Estados Unidos y en Europa de alquiler de colmenas de abejas domésticas y de colonias de abejorros. Esta práctica sugiere que ya no hay suficientes polinizadores silvestres para asegurar una polinización adecuada de todos los cultivos que se demandan actualmente.[141]

En los últimos años, como ya se ha comentado en este libro, se ha constatado un importante declive de las abejas melíferas y de otros polinizadores silvestres, algunos de ellos amenazados de extinción. Se calcula que la mortalidad de las colonias de abejas melíferas en Europa los últimos inviernos ha sido de un 20 % de media, y en algunos países ha llegado hasta el 53 %. Según un informe reciente de la UICN, el 46 % de las especies de abejorros en Europa están en declive y el 24 % en peligro de extinción.[142] También la Agencia Europea de Medio Ambiente advertía el año pasado de que en las dos últimas décadas las poblaciones de mariposas se redujeron en un 50 %.[143] En este contexto, una de las principales amenazas para su supervivencia son los cambios en las prácticas de la agricultura, el incremento de la intensificación de las explotaciones ganaderas, que han provocado pérdidas a gran escala, y una degradación de los hábitats de las abejas.

¿**Sabías que** tres de cada cuatro bocados que nos echamos al estómago se los debemos a los insectos?

19. Los guaperas de nuestros campos

> «Lo mejor es ir de flor en flor,
> pues no da dolor.
> Y es que el que no guarda amor
> luego no guarda rencor
> contra sí mismo.»
>
> KASE.O y VIOLADORES DEL VERSO

Nuestra historia, la de los humanos (real o ficticia), está llena de hechos heroicos, detallistas y cursis, todo al mismo tiempo cuando se trata de buscar pareja, de reproducirnos.

Como en la mejor tradición literaria, los guaperas y los donjuanes de nuestros campos pueden ser fácilmente identificados: son encantadores, simpáticos y bien parecidos. Y como los personajes del teatro y de la literatura, interpretan todo el rito de la seducción hasta lograr que las plantas a quienes desean encandilar caigan rendidas a sus pies. Y es que «los guaperas de nuestros campos» no son otros que los insectos.

Sin entrar en muchos detalles, expondré algunas generalidades de los órdenes más importantes.[144]

- **Himenópteros**: abejas, abejorros, hormigas y avispas pertenecen, entre otros, a este orden. Con cerca de doscientas mil especies descritas, los himenópteros se encuentran distribuidos por casi todo el planeta, exceptuando latitudes y altitudes elevadas.[145]

Las abejas evolucionaron a partir de antepasados depredadores, como las avispas alfareras (*Sphecidae*) y otras avispas solitarias, hacia mediados del Cretácico (hace unos cien millones de años), cuando las plantas con flores se convirtieron en la vegetación predominante en el planeta. Posiblemente, los primeros representantes de las angiospermas fueron polinizados en primera instancia por los coleópteros, que ya existían antes de la radiación de las angiospermas,[146] y aunque en la actualidad no hay realizada una evaluación cuantitativa de la importancia relativa de los diferentes taxones de polinizadores para la polinización de la flora mundial, la mayoría de los ecólogos expertos en polinización estaría de acuerdo en que las abejas son los polinizadores predominantes para la mayoría de las plantas y los ecosistemas. Ellas son a menudo las visitantes más frecuentes de las flores, por lo que, si consideramos la tasa de visita un «predictor» fiable de la polinización, esto las convierte también probablemente en los polinizadores más importantes.

La predominancia de las abejas como polinizadores puede atribuirse al hecho de que las aproximadamente veinte mil especies conocidas son florícolas obligadas, y tanto larvas como adultos se alimentan de productos florales. Su abundancia, su vuelo rápido, su tendencia a visitar varias flores de la misma especie, la necesidad que tienen de grandes cantidades de néctar y polen y sus pelos especializados, que pueden atrapar y mantener hasta quince mil granos de polen por abeja, hace que sean unos polinizadores extraordinariamente eficaces.[147]

- Puesto que en estas páginas ya se ha hablado extensamente del papel polinizador de las abejas, quisiera en las siguientes líneas hacer una mención especial sobre los **abejorros** (especies del género *Bombus*). ¿La razón? Porque mientras que el misterioso colapso o despoblamiento de colmenas ha llevado a una proliferación de campañas para salvar a las abejas melíferas, poco se ha hablado del declive de su pariente menos popular, pero con un papel igualmente crucial en la polinización de cultivos, porque los abejorros no solo tienen características que los hacen mucho más eficientes para polinizar cultivos como, por ejemplo, la planta del tomate, sino que también son vitales para la supervivencia de una gran variedad de flores silvestres. Además, los abejorros son más vulnerables si cabe a la pérdida de hábitat y a los cambios en las prácticas agrícolas.

  A diferencia de sus congéneres, los abejorros son grandes, rechonchos y tienen las alas cortas. ¿Cómo es posible que estos animales consigan volar?

  De este interrogante surgió el «mito del abejorro», que se generó alrededor de 1930, cuando los físicos aplicaron al vuelo de los insectos las leyes que se emplean para razonar el que los aviones se sustenten en el aire. Con base en estos cálculos, desolado, el zoólogo e ingeniero aeronáutico francés Antoine Magnan tuvo que admitir en 1934 en su obra *El vuelo de los insectos* que, según sus conclusiones, el abejorro técnicamente no debería poder volar. Claro que nadie les dijo a los abejorros que según nuestras leyes ellos no pueden volar, así que lo siguen haciendo. La realidad, a veces, puede jugarle una mala pasada a la ciencia.

Los abejorros se especializan en polinizar una especie de planta determinada, a la que se llama «principal», mientras toman néctar de otras especies «secundarias». Las obreras abejorros del género *Bombus* tienen una vida corta y tienden a relacionarse con la misma especie «principal», pero las reinas viven más tiempo y pueden pasar de una especie de planta a otra. Disponer de especies «secundarias» probablemente les permita controlar si alguna otra flor se ha vuelto más rentable que su favorita. Dado que las estaciones de floración son cortas, la abundancia relativa de los diferentes tipos de flores cambia a lo largo del año, por lo que los abejorros hacen bien en comprobar que su abastecimiento «principal» siga siendo el más rentable.[148]

Generalmente visitan flores del mismo tipo frecuentadas por abejas, esto es, melitofílicas. Pueden viajar hasta uno o dos kilómetros de su nido, alcanzando increíbles velocidades de vuelo de 54 km/h, aunque la mayoría de las veces permanecen en un radio de unos pocos cientos de metros en busca de grupos de flores a los que suelen acudir repetidamente todos los días mientras duren el polen y el néctar.

Los abejorros y ciertas especies de abejas, excepto la abeja melífera, son capaces de polinizar por zumbido (la flor del tomate solo suelta el polen por medio de vibración, por ejemplo, y los abejorros pueden realizar este movimiento de forma altamente eficaz debido a su tamaño y capacidad vibratoria). Este proceso es usado en aquellas flores cuyas anteras no son dehiscentes y que contienen un poro por el cual sale el polen cuando se hace vibrar a la flor. De esta manera es como los abejorros extraen el polen de las plantas de la familia *Solanaceae* (patata, tomate, tabaco, etcétera) y de la familia *Ericaceae* (azalea, arándanos, etcétera).

- Las **moscas** (dípteros) son los segundos visitantes más frecuentes de las flores y, a menudo, superan en número a las abejas cuando las temperaturas son bajas, como ocurre en latitudes elevadas. Aunque constituyen un grupo diverso, con cerca de ciento cincuenta mil especies de moscas, los visitantes de las flores más frecuentes se concentran en tres familias: *Syrphidae*, *Bombyliidae* y *Tachinidae*.[149]

  De estos tres grupos, los sírfidos (tienen el aspecto de abejas y avispas, por lo cual muchas personas las confunden) son los visitantes de flores más importantes; de las aproximadamente seis mil especies de sírfidos que se conocen, en la mayoría los adultos consumen néctar y, en algunos casos, polen. Con frecuencia se los puede ver cerniéndose aparentemente inmóviles en el aire, con las alas en tan rápida vibración que la vista no puede distinguirlas. Bruscamente se los deja de ver, pero a lo mejor reaparecen un momento después, como si se materializasen de la nada.

  Los bombílidos, por su parte, parecen pequeños colibríes. Obtienen el néctar a través de larguísimas probóscides mientras se ciernen en el aire frente a la flor en lugar de posarse sobre ella.

- **Mariposas y polillas** (lepidópteros) son otro grupo diverso, con cerca de trescientas mil especies. Muchas son nectarívoras y, salvo unas pocas excepciones, no consumen polen. Algunas especies ni siquiera se alimentan de las flores, sino que consumen el jugo de algunos frutos o simplemente no se alimentan cuando son adultas. Las especies nectarívoras y, por lo tanto, importantes desde el punto de vista de la polinización, se concentran en las familias de polillas *Sphingidae*, *Noctuidae* y *Geometridae*, y en las familias de mariposas *Hesperiidae* y *Papilionidae*.[150]

  Las especies de la familia *Sphingidae* tienen un vuelo rápido y algunas especies que lo hacen durante el día parecen colibríes, ya que, como ellos, tienen la costumbre de cernirse en el aire frente a las flores mientras se alimentan de ellas. Su espiritrompa es larga y muy fuerte y puede desenrollarse e introducirse profundamente en la flor, hasta el nectario, mientras están suspendidas en el aire.

- Los **escarabajos** están considerados como un grupo muy antiguo de visitantes florales. Al igual que las moscas, son a menudo más bien generalistas en sus visitas a las flores y, al igual que las hormigas, tienden a polinizar por casualidad cuando visitan las flores para alimentarse. Con más de trescientas sesenta mil especies descritas (aproximadamente una cuarta parte de las especies animales conocidas), podemos encontrar coleópteros en la mayoría de los hábitats del planeta (principalmente terrestres).[151]

  Las angiospermas más primitivas eran polinizadas especialmente por escarabajos. Estas flores primitivas tenían formas aplanadas, con muchos estigmas receptores de polen en el centro. Estos insectos consumen partes florales y polen, que mastican mientras permanecen en la flor, y el polen se distribuía a medida que los escarabajos marchaban lentamente cerca de la flor devorando pétalos y estambres, ya que, al hacerlo, parte del polen queda adherido a sus cuerpos y luego lo transfieren a otra flor.[152, 153]

¿Cómo podemos ayudar a la pervivencia de los guaperas de nuestros campos?

El declive de los polinizadores y la lucha biológica contra las plagas nos han hecho ser más conscientes de la importancia de promover la biodiversidad y nos han abierto los ojos a un gran número de especies beneficiosas que ayudan a mantener el equilibrio.

La agricultura desempeña un papel fundamental, ya que, a la vez que es parcialmente responsable del declive de los polinizadores, también puede ser parte de la solución: una buena forma de hacerlo sería destinar entre el tres y el cinco por ciento de la superficie cultivable a plantar unos márgenes florales consistentes en flores aromáticas y herbáceas que atraigan a estos insectos beneficiosos en las lindes de los caminos o para separar parcelas.

¿**Sabías que** el número de polinizadores de un área determinada es un indicador de la buena salud de ese ecosistema?

20.
Ingeniosos fabricantes

«Una vez había tenido entre los dedos un velo tejido con un hilo de seda japonés. Era como tener entre los dedos la nada.»

ALESSANDRO BARICCO, *Seda*

En pleno verano, los insectos son nuestros peores enemigos. Las moscas, que no dejan de posarse en nuestra comida, los mosquitos, que anhelan imitar a Drácula en nuestro cuerpo, las hormigas, que se cuelan en los armarios de la cocina, las cucarachas, el aguijón de las avispas...

Sin embargo, y a pesar de estas pequeñas molestias, gracias a los insectos disfrutamos de diversos productos, ya que son verdaderos laboratorios con patas capaces de producir materias dotadas de propiedades físicas o químicas a veces extraordinarias y que el hombre ha utilizado desde la noche de los tiempos.

El mayor esclavo del hombre

Muy pocas personas podrían identificar al gusano de seda, pero todos conocemos el producto que fabrica, y por ello, por la seda, ha sido una criatura doméstica desde tiempos inmemoriales, un cautivo y esclavo para el hombre, para quien ha trabajado durante más de treinta y cinco siglos, incesantemente, poniendo sus huevos, comiendo hojas de la morera, tejiendo sus cocones y sucumbiendo después.

Existen muchas leyendas a propósito del descubrimiento de la seda.[154] Los chinos fueron, en cualquier caso, quienes primero elaboraron la seda por métodos que fueron todo un misterio durante mucho tiempo, lo que les posibilitó mantener durante siglos este importante monopolio. Parece ser que todo comenzó hará unos cinco mil años, cuando consiguieron domesticar al *Bombyx mori* (gusano u oruga de la morera). Se piensa que su cría estaba encomendada a la mujer, simbólicamente representada por la emperatriz. La producción de la seda se extendió por la mayor parte de China, en particular en las cuencas inferiores de los ríos Amarillo (Huanghe) y Yangtsé (Chang Jiang) y en la zona Bashu de Sichuan.

La seda involucraba gran parte de la vida en China durante las sucesivas dinastías, no solo en lo relativo a la vestimenta, sino también en todas las facetas artísticas: literatura, poesía, pintura, escultura y folclore. A principios del siglo XX, una gran epidemia atacó al gusano de la seda y llegaron a enfermar hasta un ochenta por ciento de los ejemplares de los criaderos chinos, que tuvieron que recuperarse con otros gusanos procedentes de Francia e Italia. Esta circunstancia fue aprovechada por Japón, que se convirtió en el primer productor de seda en bruto y que, al comienzo de la Segunda Guerra Mundial, suministraba el noventa por ciento de la producción mundial. Sin embargo, la crisis de 1929 y la invasión de China por Japón acabaron con gran cantidad de moreras e hilaturas, y en 1949 quedaban en

Shanghái solo dos fábricas de hilados de las cien que hubo tiempo atrás.

La invención de nuevas fibras químicas (nailon, tencel…) hizo que de nuevo la seda perdiera su importancia. No obstante, el actual panorama comercial y la facilidad del transporte moderno han hecho que la importación proporcione precios asequibles.

A pesar de que la seda constituye un 0,2 % del mercado de las fibras textiles, su valor comercial y el de sus derivados es mucho mayor: el precio de la seda cruda es veinte veces superior al del algodón crudo. Su demanda tiene un origen histórico, como hemos visto, y es altísima en zonas tradicionalmente productoras, como en la India, por ejemplo, que es el segundo productor mundial de seda, y por este motivo las exportaciones están limitadas.

Pero ¿cómo fabrican la seda los gusanos?

En una fábrica o planta productora, los gusanos ponen sus huevos en un papel especialmente preparado. Los huevos eclosionan y las orugas (gusanos de seda) son alimentados con hojas frescas de morera. Después de unos treinta y cinco días y cuatro mudas, las orugas son diez mil veces más pesadas que cuando nacieron y ya son capaces de comenzar a hilar un capullo. En ese momento, se coloca un marco de caña sobre la bandeja con las orugas y cada una empieza a hilar un capullo moviendo su cabeza en un movimiento patrón en forma de ocho. La seda líquida está recubierta con sericina, una goma protectora soluble en agua que se solidifica en contacto con el aire. Durante los siguientes dos o tres días, la oruga hace girar alrededor de un millar de filamentos sobre sí misma y queda completamente encerrada dentro del capullo. La mayoría de las orugas son cocidas en agua hirviendo y retiradas cuidadosamente de su capullo, aunque a algunas se les permite metamorfosearse en polillas para criar a la próxima generación de orugas.

Los capullos ahogados son clasificados por el tamaño de la fibra, su calidad y sus defectos y luego se cepillan para encontrar los filamentos, se unen en pequeños grupos y se ovillan sobre una rueda (enrollado). Cada capullo produce aproximadamente mil quinientos metros de fibra, conocida como fibra de seda en bruto. Varios filamentos se combinan para formar un hilo. Como las fibras se combinan y envuelven en la bobina, pueden ser enrolladas para mantenerlas juntas. A este proceso se le llama «estirado» y la fibra resultante recibe el nombre de «hilo estirado».[155]

Las «borras de seda» (desperdicios de seda) se producen a partir de las porciones interiores de los capullos. Estos son desgomados (la sericina es neutralizada) e hilados igual que cualquier otra fibra básica, pero también puede ser mezclada con otro tipo de fibra básica y ser hilada en un hilo.

La miel, ese gran descubrimiento

Para el hombre primitivo descubrir la miel fue un cambio de vida, como lo fue descubrir el fuego, si bien para los primeros cazadores-recolectores, que aún no habían desarrollado ropa protectora, recoger la miel debió de ser, posiblemente, tan doloroso como agarrar una rama en llamas.

Antiguamente, la miel era el edulcorante más importante para la comida y las bebidas alcohólicas, tan importante que los padres ponían a sus hijos nombres relacionados con las abejas –tanto Deborah como Melissa significan «abeja» en hebreo y en griego, respectivamente–. La miel se usó como antiséptico y edulcorante al menos durante cien mil años, y en el Antiguo Egipto y Oriente Medio se utilizaba para embalsamar a los muertos.

Repleta de vitaminas, minerales y con un poder de conservación impresionante, este espeso líquido no solo tiene una alta demanda humana, sino también de otros animales, como los osos, los tejones, algunas aves y muchos más. Todos sabemos que la miel es producida exclusivamente por las abejas, pero… ¿cómo se fabrica la miel?

La mayor parte de las flores destilan, en el fondo del cáliz, un jugo azucarado al que los botánicos dan el nombre de néctar, y no sin razón, pues con él designaban los antiguos griegos la bebida de los dioses, de aroma maravilloso y que tenía la propiedad de conferir la inmortalidad. Este líquido azucarado es extraído por la abeja del interior de la flor empleando una larga lengua que se encarga de succionarlo y llevarlo hasta el interior de su estómago, donde se almacenará y comenzará el proceso de transformación.

Para esto es necesaria la intervención de unas enzimas especializadas que rápidamente comienzan a actuar sobre el néctar, modificando definitivamente su composición química y, sobre todo, su acidez (pH), haciendo que de esta manera se convierta poco a poco en un líquido que permita su almacenamiento a largo plazo.

Una vez con el estómago lleno de néctar, la abeja vuela de vuelta a su colmena, donde comenzará un proceso de regurgitación del néctar recolectado y parcialmente digerido, el cual será traspasado boca a boca hacia otra de sus compañeras. Esta hará lo mismo con otra abeja, a la que le pasará el líquido químicamente modificado, hasta que, cuando haya alcanzado un estado óptimo, la última abeja lo deposite en una celdilla de cera donde será almacenado.[156]

Pero esto no termina aquí, las abejas del interior rápidamente se ponen a trabajar para transformar el néctar en miel, ya que hay que rebajar el porcentaje de humedad, desde un 60 % con el que entra el néctar en la colmena, hasta un 16 o 18 % que tiene la miel cuando las obreras lo operculan en las celdillas. El proceso puede durar varios días, dependiendo en gran medida de dos factores: la humedad y la temperatura exterior. Para extraer ese exceso de agua, las abejas abanican fuertemente sobre él sus alas, acelerando así el proceso de evaporación del agua sobrante y logrando finalmente que la miel alcance la consistencia espesa que conocemos. Una vez logrado esto, y comprobada la calidad de la miel, una abeja se encargará de tapar esa celdilla con más cera, que secretan a partir de una glándula que poseen en su abdomen en un proceso que se conoce, como acabamos de ver, como el operculado de las celdas. En cuanto la cera se endurece, la miel queda totalmente resguardada del aire y del agua de manera indefinida y la celdilla se convierte en un magnífico almacén.

El objetivo de tan elaborado proceso no es otro que el de mantener la despensa llena de este rico y nutritivo alimento durante las temporadas difíciles, como pueden ser el crudo invierno en las zonas más frías y templadas, o las estaciones secas en las más cálidas, cuando se hace más complicado, sino imposible, el trabajo en el exterior. De esta forma se mantiene la integridad de la colmena en esta época, garantizando la supervivencia de la reina y de sus miles de hijas.[157]

Pero no solo de miel vive una colmena...

La jalea real, conocida como «leche de abejas», es el único alimento que ingieren las larvas de abeja hasta su tercer día de vida, y las destinadas a convertirse en reinas, hasta el quinto día. Además, es el alimento exclusivo de la reina durante toda su vida. La jalea real se produce en la colmena en cantidades muy pequeñas.

El propóleo es una sustancia producida por las abejas con la que recubren el interior de la colmena. Las abejas lo fabrican recogiendo las exudaciones de las yemas y cortezas de pinos, fresnos y álamos y suelen emplearlo como material de construcción para tapar grietas y aberturas. También como lecho para los huevos que pone la reina y como sustancia momificante para recubrir cadáveres de invasores y residuos que no pueden expulsar al exterior.

La cera es el material que las abejas usan para construir sus nidos. Es producida por las abejas melíferas jóvenes, que la segregan como líquido a través de sus glándulas céreas. Al contacto con el aire, la cera se endurece y forma pequeñas escamillas de cera en la parte inferior de la abeja. Un millón más o menos de estas escamillas significa un kilo de cera. Las abejas la usan para construir los alvéolos hexagonales de sus panales, ya estructurados rígida y eficientemente. Usan estos alvéolos para conservar la miel y el polen, y la reina lo hace para depositar en ellos sus huevos y las nuevas abejas que se criarán en su interior.[158]

La cera de abeja tiene muchos usos tradicionales. En la Antigüedad, toda la cera era destinada a la fabricación de velas para el alumbrado de las viviendas y, a día de hoy, todavía hay religiones que no permiten en sus templos otras velas que no sean las fabricadas con cera de abejas, con lo que son, por lo tanto, grandes consumidoras de los excedentes de cera de los apicultores.

La cera también es ampliamente usada como agente impermeabilizante de la madera y del cuero y para el refuerzo de hilos. Se usa también en la manufactura de componentes electrónicos y discos compactos, en el modelado y en el mercado de la industria y del arte, en betunes para calzado, para tratamiento de muebles y parquets y para ceras de injerto, así como en las fábricas de lubrificantes y en la industria cosmética para elaborar cremas y lápices de labios.

El gusano de la laca, ese desconocido

La goma laca es una sustancia orgánica que se obtiene a partir del residuo o secreción resinosa de un pequeño insecto (homóptero) rojo llamado «gusano de la laca» (*Laccifer lacca*), que habita en lugares del sudeste asiático como en Indonesia o Sri Lanka.

El gusano de la laca vive y se alimenta de árboles que se encuentran en las selvas tropicales de estos países y exuda un material duro (laca) parecido a una concha que, a veces, lo envuelve y causa su muerte. Los cultivadores locales recogen las ramitas recubiertas y quitan de ellas el material parecido a la concha. Este residuo se machaca posteriormente para formar gránulos, se coloca en sacos de tejido y se calienta sobre un fuego hasta que el material comienza a reblandecerse y, finalmente, se funde. El exudado se recoge y se estira en hojas muy finas mientras aún está blando; después de que estas hojas se hayan enfriado y endurecido, se machacan una y otra vez para formar escamas.

En droguerías, la goma laca se suele vender disuelta en alcohol desnaturalizado (mezcla de etanol y metanol) y envasada en recipientes de vidrio o metal de distintas capacidades o bien en escamas a granel para realizar uno mismo la mezcla con el alcohol.[159]

Durante la primera mitad del siglo XX la goma laca era la base de la industria del disco de gramófono de 78 RPM y también se utilizaba en la fabricación de discos de acetato. Fue sustituida gradualmente a partir de 1938 por los plásticos sintéticos (baquelita y vinilo); sin embargo, la producción de discos de pasta continuó en la década de 1950 en países del oeste y en otros hasta la de 1970. Entre sus usos se incluyen artículos diversos tales como marcos para fotos, espejos, peines, joyas, placas o prótesis dentales. Estos objetos se fabricaron con goma laca desde mediados del siglo XIX hasta la llegada de plástico, durante la primera mitad del siglo XX. Las páginas en braille se encontraban también cubiertas con laca para protegerlas durante su manipulación. Incluso en la actualidad se utiliza en la composición de la tinta china.

La utilización más frecuente, no obstante, tiene que ver con el tratamiento final de las superficies de madera de muebles e instrumentos musicales. La laca es uno de los tipos más antiguos de acabado debido a que seca rápidamente, protege bien y tiene una larga duración. El barniz de goma laca sigue siendo, a pesar de la invención de las resinas sintéticas, la mejor manera de lustrar la madera, especialmente los muebles antiguos.

El origen del carmín

¿De dónde se obtiene el rojo brillante que se usa en los lápices de labios y otros cosméticos? Quizá te sorprenda saber que el color carmín de ciertos maquillajes y pintalabios proviene de la cochinilla, un insecto que se alimenta del nopal.

La cochinilla (*Dactylopius coccus*) es un insecto hemíptero parásito de plantas perteneciente a la familia *Dactylopidae*, cuyo huésped son los nopales o tunas (*Opuntia*).

La hembra adulta mide algo más de tres milímetros, como la cabeza de una cerilla, mientras que el macho apenas alcanza la mitad de ese tamaño. Pero no debemos dejarnos engañar por sus dimensiones, pues, como señala una obra de consulta, «estos insectos se cuentan entre los más voraces». Sin embargo, y a pesar de su mala reputación, algunos agricultores incluso los crían. ¿Para qué? Para producir el carmín, un hermoso tinte rojo que se obtiene al triturar los cuerpos secos de las hembras.

La cochinilla se ha utilizado como colorante desde la época de los antiguos pobladores mixtecas, que vivieron en lo que hoy es el estado de Oaxaca (México). Para estas civilizaciones tenía más valor que el oro, y pronto los conquistadores españoles quedaron fascinados por el color carmesí del insecto. Poco después, muchos europeos ya satisfacían su gusto por los tonos vivos con este tinte natural, que se empleaba en Gran Bretaña, por ejemplo, para obtener el tradicional color escarlata de los uniformes militares. El uso de la cochinilla se extendió a tal grado que, desde alrededor de 1650 hasta 1860, fue uno de los productos mexicanos de exportación más valiosos, tan solo superado por el oro y la plata.

A mediados del siglo XIX, los colorantes artificiales comenzaron a sustituir a los naturales, situación en la que intervinieron muchos factores. Henkel[160] da una razón: «Sencillamente era más fácil y menos costoso producir tintes de mejor calidad mediante síntesis química». De modo que, en poco tiempo, los pigmentos artificiales se impusieron en el mercado como colorantes para alimentos, fármacos y cosméticos. «Sin embargo, cuanto más se usaban, mayor era la preocupación por la seguridad.» En la década de 1970 ciertas investigaciones dejaron entrever que algunos colorantes sintéticos podían provocar cáncer y, a medida que la gente se fue enterando de estos peligros para la salud, los colorantes naturales han recuperado de nuevo su interés. La industria de las pinturas, cosmética, textil y papelera, así como artistas, artesanos y diseñadores de alta costura, vuelven la vista a los colorantes naturales, hasta tal punto que hoy en día Perú genera el 85 % de la producción mundial de cochinilla y las Canarias son famosas por su recolección, lo mismo que el sur de España, Argelia y otros países de América Central y del Sur.

¿Cómo se produce el carmín? La cochinilla pasa toda su vida en las pencas del nopal. Para protegerse de los depredadores, secreta un tipo de polvo ceroso, suave y esponjoso que la envuelve y le sirve de hogar, pero que también facilita localizarla durante la recolección.

Solo las cochinillas hembras contienen el pigmento rojo, el ácido carmínico, y, puesto que las concentraciones más elevadas se encuentran en las hembras fecundadas, se ejerce especial cuidado en recogerlas justo antes de que pongan los huevos, a fin de obtener el colorante de la mejor calidad. En la región de los Andes peruanos, la recogida se realiza tres veces en un período de siete meses: para quitarlas de la penca se utiliza un cepillo duro o una navaja sin filo. Luego se secan, se limpian y se pulverizan y, a continuación, se procesan con una solución de amoníaco o carbonato de sodio. Los sólidos se eliminan por filtración, de manera que así queda limpio el líquido restante. También se le puede agregar cal para obtener distintos matices de púrpura. Hacen falta cien mil hembras para obtener un kilo de producto.[161]

Aunque la idea de usar maquillaje derivado de insectos quizá pueda parecer muy atrayente, lo cierto es que los «colorantes (naturales) se encuentran entre los más inspeccionados».[162] Así que, si recibes un piropo por tu aspecto radiante, tal vez se lo debas en parte a la cochinilla, un insecto sumamente peculiar.

¿Por qué los vegetarianos, veganos y muchos omnívoros no pueden ni verlo?

Porque se hace con unos pequeños insectos y, aunque no se ven directamente al consumir este colorante, lo cierto es que procede del mundo animal y está en muchos de los alimentos que consumimos a diario. Estamos comiendo insectos como la cochinilla sin saberlo.

¿Dónde se usa la cochinilla?

En prácticamente todo. Está presente en la industria cárnica, en los lácteos, en la cosmética de alta calidad (pinturas labiales, lacas de uñas...), en las golosinas, en las bebidas alcohólicas, en la industria farmacéutica, en el textil, en las pinturas históricas y también en pinturas industriales de alta gama. Es, probablemente, el colorante con mejores características tecnológicas de entre los naturales, pero se utiliza cada vez menos debido a su alto precio.

¿**Sabías que** la sangre de las cigarras contiene proteínas que protegen contra las bacterias? Algún día pueden proporcionarnos protección contra los gérmenes que han desarrollado resistencia a los antibióticos.

21.
¿Amigos o enemigos?

«Insectos y bichos huían de ese hombre tan inmenso.»

KNUT HAMSUN

Debe admitirse que algunos insectos se comen las cosechas y transmiten enfermedades, sin embargo, solo un uno por ciento de cuantos habitan en el planeta se consideran una plaga, y buen número de ellos son más dañinos debido a la forma en que el hombre ha trastocado el medioambiente. Por ejemplo, el mosquito portador del paludismo rara vez es fuente de problemas para los nativos del bosque ecuatorial y, por el contrario, causa estragos en las poblaciones limítrofes, donde abunda el agua estancada.

Con frecuencia, el hombre puede combatir los insectos que atacan los cultivos sin recurrir a métodos artificiales, ya sea alternando las cosechas o introduciendo y conservando predadores naturales: las humildes mariquitas y crisopas, por ejemplo, controlan eficazmente las plagas de áfidos, y en el sudeste asiático los funcionarios de salud pública pudieron comprobar que dos larvas de libélula eran capaces de mantener limpio de larvas de mosquito un depósito de agua entero.

A menudo son muchas las personas que al ver un insecto instintivamente tienden a reaccionar pisándolo y aplastándolo al grito de «¡Un bicho!», sin plantearse ni siquiera que son seres vivos, al igual que nosotros (realmente no sé qué «bicho» les habrá picado a ellos para pensar que cualquiera de estos animalitos va a atacarlos).

La realidad es que hoy podemos encontrar insectos distribuidos por prácticamente todo el planeta, con lo cual se incrementa la probabilidad de interacción con nuestra especie y es probable que, en ciertas ocasiones, puedan surgir «chispas» entre estos animales y nosotros. Para evitarlas, debemos cambiar el pensamiento de que los insectos buscan por defecto mordernos, picarnos o dañarnos, ya que entre más de un millón de especies diferentes que ha descrito el ser humano dentro de la clase *Insecta* las que pueden provocarnos algún daño son minoría.

En ocasiones, el simple hecho de que presenten movimientos rápidos, muchas patitas o estructuras que nos recuerdan a un objeto punzante puede darnos pie a pensar que se trata de herramientas usadas para atacarnos, pero nada más lejos de la realidad: muchas de esas estructuras no son más que adaptaciones para el apareamiento, la puesta u otros cometidos inofensivos para nuestra especie.

Por ejemplo, si observamos una tijereta (dermáptero) e imaginamos sus cercos posteriores con aspecto incisivo, podríamos pensar que van a ser utilizados para atacarnos, sin embargo, dichos cercos son usados durante la cópula para asir a la hembra, al mismo tiempo que también les sirven como ayuda para recoger y desplegar las alas, e incluso intentar aparentar mediante su levantamiento al modo del escorpión que son sistemas de defensa para ahuyentar posibles depredadores.

Otro ejemplo similar de confusión humana podemos encontrarlo con los maravillosos tipúlidos (*Tipulidae*), unos animales que no solo no nos van a picar (la mayoría de los adultos directamente son incapaces de alimentarse), sino que, además, pueden ser muy beneficiosos para el hombre. Al verlos con ese aspecto y esas patas tan largas, podemos pensar que son mosquitos gigantes (verdaderos vampiros voladores), pero nada más lejos de la realidad, ya que algunos tipúlidos que sí pueden alimentarse como adultos son grandes polinizadores y, además, diferentes especies de ellos se alimentan de las larvas de mosquito, haciéndole así un gran favor al ser humano.

Entonces, ¿son los insectos nuestros aliados? En realidad..., no es que podamos decir que son nuestros aliados o enemigos, pues estos términos son solo utilizables dentro de la especie humana, pero sí es cierto que, si colocáramos en una balanza sus aportaciones positivas y negativas al ser humano, ganarían con creces las positivas.

Respecto a los beneficios que nos comportan estos pequeños grandes seres, algunos ya han sido detallados en capítulos anteriores, pero veamos a continuación otros.

Insectos depredadores y parásitos de otros insectos

El concepto de plaga es sumamente relativo, pues en verdad es un concepto estrictamente antropocéntrico y económico. Los insectos, como cualquier especie animal, reaccionan ante la abundancia de alimentos reproduciéndose en cantidades mayores. La lógica del hecho es controlar una sobrepoblación que, en este caso, es artificialmente producida por el ser humano cuando practica la agricultura. En especial los monocultivos, ecológicamente hablando, son equivalentes a una «plaga», ya que constituyen poblaciones excesivas y anormales de plantas. Los insectos, por lo tanto, se transforman en «plagas» para controlar otra «plaga».

Pero, al mismo tiempo que los insectos compiten con los humanos por la comida, son sus más grandes aliados para evitar pérdidas aún mayores. Esa realidad justifica el control biológico. Es decir, el uso de enemigos naturales, esto es, depredadores, parasitoides, patógenos y fitófagos, para mantener las densidades poblacionales de las especies consideradas nocivas por debajo de un nivel económico de daños previamente establecido.

Ahora bien, es preciso añadir un matiz: el término «nocivo» es totalmente artificial y está definido según los intereses económicos del hombre. Por ejemplo, una especie de insecto fitófago puede estar causando la desaparición de una planta silvestre, pero este no será considerado nocivo y, por lo tanto, plaga, mientras no afecte a alguna planta que tenga interés para el hombre.[163]

Una larva de coccinélido (coleóptero) después de su cuarta muda consume, de promedio, cincuenta áfidos (pulgones) por día. La hormiga depredadora *Formica polyctena* vive en colonias de dos a tres millones de individuos que recolectan 0,9 kilos de alimento por día durante por lo menos doscientos días por año, o sea, que eliminan 180 kilos de insectos anualmente.

El ejemplo de los áfidos es importante para demostrar que ciertos insectos nos salvan de sus congéneres, no solo en relación con nuestra comida, sino con nuestra propia vida. Valga repetir el clásico ejemplo de Glenn Herrick sobre lo que ocurriría si no existieran enemigos naturales de los pulgones. Este entomólogo calculó que una sola hembra partenogenética del pulgón de la col podría generar, en apenas un año, una descendencia que cubriría de una espesa capa toda la superficie de la Tierra, asfixiando toda forma de vida.

Entre las experiencias más notables realizadas hasta el momento con coleópteros seminívoros (animal que se alimenta de semillas) se encuentran las campañas llevadas a cabo en Chile, Hawái, Estados Unidos, Nueva Zelanda y Australia para controlar el tojo. Norambuena[164] explica el proceso de introducción en Chile del *Exapion ulicis*, coleóptero seminívoro de origen europeo, y el éxito alcanzado en la regulación de esta planta invasora.

Siguiendo con nuestros amigos reguladores de plagas o parasitoides, los escarabajos carábidos y las crisopas (neuróptero) en su etapa larvaria también pueden alimentarse de pulgones e, incluso, el escarabajo soldado y las moscas taquínidas pueden alimentarse del escarabajo de la patata, entre otros. Las propias mantis son unas auténticas depredadoras de todo tipo de insectos y, cómo no, las libélulas, en su etapa larvaria, se alimentan de insectos que viven dentro del agua, como las larvas de mosquitos, y en su etapa adulta de mosquitos, gusanos y moscas.

Por lo tanto, de forma natural podemos encontrarnos con muchos insectos en nuestro jardín que nos dispongamos a eliminar sin saber que su labor está siendo bien distinta de la que a veces suponemos.

El peligro está en las larvas

La mayor parte de los insectos que parasitan a otros insectos lo hacen mientras permanecen en la fase de larva, ya que es durante esta fase cuando la hembra del insecto parásito pone un huevo, normalmente dentro del cuerpo del insecto parasitado. Una de las ventajas de los parasitoides como controles biológicos es que la mayoría son específicos y, en general, no atacan a otras especies. Además, a diferencia de los agroquímicos o plaguicidas convencionales derivados del petróleo, los controles biológicos ofrecen independencia y sostenibilidad a los cultivadores sin la necesidad de contaminar mantos freáticos o aguas superficiales y sin perjudicar estructuralmente a los suelos.

Los parasitoides más comunes pertenecen a los órdenes *Hymenoptera* y *Diptera*. La *Encarsia formosa*, por ejemplo, es una pequeña avispa que parasita a la mosquita blanca, un hemíptero causante de la enfermedad llamada fumagina en plantas de invernadero, poniendo sus huevos en la ninfa de la mosquita blanca, que se vuelve negra a medida que el parasitoide crece.[165]

Otros parasitoides son los miembros del género *Cotesia,* que parasitan a muchas orugas consideradas plagas. Por ello, la *Cotesia glomerata* ha sido introducida en algunos países para el control de los gusanos de las coles, como el *Pieris rapae*.

Investigación científica, medicina y entomología forense

Como los insectos son pequeños, tienen ciclos de vida cortos y se pueden cultivar en grandes cantidades con un relativo fácil manejo bajo condiciones de laboratorio, por lo que son muy útiles para estudiar procesos fisiológicos, evolutivos o de dinámica de poblaciones que pueden ser muy parecidos entre todos los animales. De hecho, estudios en nutrición, fisiología neuromuscular y en hormonas han contribuido a nuestro mejor entendimiento de su función en el ser humano y otras especies.

La mosca de la fruta *Drosophila* es, sin lugar a dudas, uno de los organismos más estudiados por el ser humano. ¿Qué tiene esta mosquita para que haya suscitado tanto interés y se haya convertido en uno de los organismos más utilizados en investigación? Ante todo, es muy fácil de criar en laboratorio: el ciclo biológico completo puede reducirse a nueve días. ¿Cuántos insectos tienen ciclos comparables a esta especie? Probablemente casi ninguno. La facilidad de cría, su alta fecundidad y la rapidez del ciclo vital son características favorables para su uso como animal de laboratorio.

No obstante, no sería justo limitar a estas moscas los progresos de mayor relevancia en genética realizados sobre insectos, ya que en la parte de la genética, cuyo objeto es el estudio de los cromosomas, los sistemas principales de determinación cromosómica del sexo fueron descritos en ortópteros, hemípteros, coleópteros y lepidópteros.[166]

Otro uso de los insectos tiene que ver con las prácticas forenses: aunque no soy entomólogo forense, en algunas ocasiones he tenido la oportunidad de examinar los insectos que invaden cadáveres. A los bichos les gusta dejar sus huevos en diferentes partes del cuerpo, como ya hemos visto, y si relacionamos los ciclos biológicos de los insectos con las etapas de su descomposición, esto nos permite aproximarnos al momento en que ocurrió la muerte. Funcionan, en pocas palabras, como un reloj. Incluso se puede determinar si el cadáver fue trasladado de un lugar a otro y hasta encontrar la presencia en él de compuestos químicos tóxicos, entre otras cuestiones. Los entomólogos llamamos a la fauna necrófila «escuadrones de la muerte».

Beneficios para el suelo e indicadores de salud de un ecosistema

El suelo no solo representa el material para el sostén de las plantas, sino que es mucho más que eso: basta con ver la cantidad de especies que viven en el mantillo (hojarasca o capa orgánica), como hormigas, saltarines, escarabajos y otras que hacen vida exclusiva en el suelo tales como larvas de moscas, dipluros, larvas y pupas de escarabajos, para entender que existen estrategias de coexistencia en un mismo hábitat.

Estos insectos se han convertido en los más grandes aliados de las plantas, pero también de biólogos, ecólogos, agrónomos e ingenieros forestales, ya que permiten entender cómo, después de ser introducido algún manejo que puede afectar negativa o positivamente a la diversidad biológica y fertilidad del suelo, en el tiempo van ocurriendo cambios que pueden ser estudiados y observados.

Por otra parte, la mesofauna presente en el suelo interviene directamente en los procesos de descomposición de la materia orgánica y en el reciclaje de nutrientes, con especial énfasis en la mineralización del fósforo y el nitrógeno, que son dos de los macronutrientes necesarios para el crecimiento de las plantas. También facilitan la diseminación de esporas, hongos y otros microorganismos y, además, se los reconoce como microingenieros del medio edáfico, ya que construyen galerías en el suelo y mejoran las propiedades físicas de este al favorecer la aireación y la infiltración de agua.

Por ello, constituyen factores decisivos para el mantenimiento de su productividad.

Los insectos del suelo son asimismo reguladores del proceso trófico y ayudan a su formación a través de aportes tales como deyecciones, excreciones, secreciones e incluso con sus propios cadáveres, enriqueciéndolo parcialmente.[167]

Buena parte de los grupos que integran la mesofauna del suelo son muy sensibles a las perturbaciones naturales y del ser humano, que provocan directamente cambios en su composición específica y su abundancia, lo que tiene como consecuencia la pérdida de especies y su diversidad y, finalmente, la disminución de la estabilidad y la fertilidad.

Los colémbolos (*Collembola*) dependen de factores como la materia orgánica y la humedad y son muy susceptibles a las perturbaciones del medio.[168] Estos organismos desempeñan un papel muy importante en el reciclaje de restos orgánicos y son responsables directos en el fraccionamiento de restos vegetales. Los alimentos que consumen, una vez degradados, intervienen en la formación del humus y, por ende, en el nivel de fertilidad del suelo, así como en indicadores directos como en el contenido de materia orgánica de un suelo.

De ahí que los insectos sean, pese a las molestias que conllevan, parte integral del medioambiente, del que dependemos. Los insectos no necesitan nada de nosotros, pero... «nosotros no podemos sobrevivir sin ellos».

¿**Sabías que** si desaparecieran todos los insectos de la Tierra en menos de cincuenta años toda la vida desaparecería? ¿Y que si los seres humanos desaparecieran de la Tierra, en menos de cincuenta años todas las formas de vida florecerían?

(J. Salk).[169]

22.
Los jardineros del suelo

«Érase una vez un país en el que vivían una cigarra y una hormiga.

La hormiga era hacendosa y trabajadora, y la cigarra no, le gustaba cantar y dormir mientras la hormiga hacía sus labores.

Pasó el tiempo, y la hormiga trabajó y trabajó todo el verano, ahorró cuanto pudo y, en invierno, la cigarra se moría de frío mientras la hormiga tenía de todo... ¡Qué hija de puta, la hormiga!»

FERNANDO LEÓN DE ARANOA, *Los lunes al sol*

Hace unos años estaba ayudando a mis hijos con sus deberes del colegio. Al finalizar, y a modo de repaso, les pregunté: «¿Cuál es el origen de la agricultura y la ganadería?». De corrillo me respondieron: «El inicio de la agricultura se encuentra en el período neolítico, cuando la economía de las sociedades humanas...» y «el origen de la ganadería hay que buscarlo en la domesticación por parte del hombre de las especies que intentaba dominar o explotar...».

Cuando les dije que no era correcto, sus caras de estupefacción y desconcierto me obligaron rápidamente a señalarles que sí, lo que me habían dicho era lo que decía el libro, pero...

–Ya existían huertos y granjas con anterioridad.
–Pero el libro dice que…
–Lo que dice el libro está bien, pero voy a contaros una pequeña historia de agricultores y granjeros muy anteriores a la especie humana…

¿Quiénes son estos agricultores y granjeros anteriores al hombre?

Una vez más, descubrámonos ante unos insectos asombrosos: las termitas y las hormigas…

Hace más de diez mil años los humanos descubrieron que podían ahorrarse esfuerzos si hacían crecer cerca de su hogar las plantas que les interesaban. Desde entonces hemos domesticado más de doscientas cincuenta especies de plantas, casi medio millar de animales y un centenar de especies de hongos. Por esta y otras razones, la agricultura es una de las habilidades que con frecuencia destacamos como distintiva de nuestra inteligencia como especie.

Pero, para ser justos, unos seres vivos tan minúsculos y aparentemente tan insignificantes como las termitas se aprovechaban de algunos hongos desde hace treinta y cuarenta millones de años, mucho, muchísimo antes que el hombre.[170]

Esto se debe a que, al contrario que el resto de las termitas, algunas especies no pueden digerir la celulosa ni la lignina, que son, como ya sabemos, constituyentes básicos de las plantas de las que se alimentan, y por eso recurren a las ventajas de una relación simbiótica con un hongo superior: utilizan plantas toscamente masticadas y ligeramente digeridas para crear una pequeña estructura ventilada, el panal o jardín de hongos. Este hongo rompe gradualmente el material de celulosa y lignina amasado en el panal para generar sustancias más fáciles de asimilar por las termitas.

Las termitas *Heterotermes tenuis* cultivan, así pues, los hongos *Termitomyces*, y de ellos obtienen cultivos puros: esponjan el suelo y lo abonan; «podan» los hongos eliminando filamentos o hifas inútiles que podrían echar a perder el cultivo, arrancan otros hongos que podrían crecer como maleza y, finalmente, recolectan el producto de su trabajo. Seguramente, ningún micólogo podría llevar a cabo esta tarea con tanto cuidado y entusiasmo. Los mismos hongos en un cultivo artificial en el laboratorio producen unos filamentos largos (las hifas), mientras que, cultivados por las termitas, las puntas de las hifas se redondean y toman una forma de bastoncillos y esferas que no se ha visto en ninguna otra parte.[171]

El huerto de hongos es el capital más valioso de todo el termitero. Las termitas obreras son forrajeras y recolectan madera y otros tejidos de plantas vivas o muertas que traen al termitero en las bolsas de su intestino. Entran por los numerosos pasadizos y canales y, cuando encuentran un lugar adecuado para hacer el huerto, excretan la masa triturada y ya medio digerida, una mezcla de madera y hongos que contiene también toda clase de microorganismos de su aparato digestivo.

El micelio fúngico –la masa de hifas del extremo del hongo– crece formando pequeñas esferas de la medida de una cabeza de alfiler. Para las termitas, ese lugar debe de tener el aspecto que tendría para nosotros un campo repleto de las setas llamadas pedos de lobo (*Lycoperdon perlatum*). Las termitas, sin embargo, no se alimentan directamente de aquella masa triturada de hongos que las obreras preparan y depositan en el lugar adecuado. Los aproximadamente dos millones de habitantes del termitero se nutren de esas bolitas como cabezas de alfiler que sobresalen de los cultivos; las devoran con glotonería para almorzar, comer y cenar y también las entregan a la reina sedentaria, a los soldados de fuertes mandíbulas y a las nuevas generaciones de termitas que van saliendo de los huevos.[172]

Esto puede parecernos un sistema de alimentación un poco enrevesado, pero una ligera reflexión nos demostrará que se trata de un procedimiento comparable a los que nosotros empleamos, porque, si lo pensamos bien, un granjero no puede utilizar la hierba como alimento para sí mismo: la da a sus vacas u ovejas y obtiene el alimento de estos animales. El hecho de que el ganado de las termitas viva en sus intestinos tampoco deja de tener su equivalente en los humanos: dependemos probablemente de bacterias alimentadas en nuestros intestinos para conseguir, por lo menos, la esencial vitamina K.

En cuanto a las hormigas, se ha atribuido a muchas de ellas la capacidad de practicar la agricultura, aunque lo cierto es que la mayoría no hacen tal cosa, sino que se limitan a cosechar. Sin embargo, sí existe una tribu de hormigas, los atinos (*Attini*) del Nuevo Mundo, cuyos miembros son auténticos cultivadores, aunque de un tipo muy especializado. Estas hormigas descubrieron la agricultura y los antibióticos mucho antes que los humanos, por lo menos hace sesenta millones de años, y han establecido una asociación cooperativa con un hongo que han domesticado y que cultivan como alimento para sus crías.

En el transcurso de dicha domesticación, el hongo cultivado sufrió dos cambios drásticos: la pérdida de la capacidad para sobrevivir en ausencia de las hormigas –y viceversa– y la pérdida de reproducción sexual. A cambio, las hormigas desarrollaron un riguroso sistema «sanitario» para combatir y prevenir los patógenos que afectan al hongo cultivado y a los miembros de su sociedad. En su lucha, así pues, las hormigas han establecido una asociación cooperativa con bacterias filamentosas que son cultivadas como fuente de antibióticos.

Cada especie de *Attini* (hay más de doscientas cincuenta especies) recolecta distintos materiales (hojas, restos vegetales y orgánicos, heces de insectos, etcétera) sobre los que cultiva un solo hongo por nido. Es decir, practican el «monocultivo».[173]

Más sobre hormigas: es posible que hayamos visto en algún documental largas filas de hormigas transportando cada una hoja al nido. Son las conocidas como «hormigas parasol» (*Atta*), ya que, a menudo, el trozo de hoja esconde completamente a la hormiga que lo lleva. Estas hormigas no se comen las hojas, las emplean como medio para cultivar hongos y se comen luego los extremos de las hifas hinchadas (bromatias), formadas por los hongos. No solamente cada especie de hormigas puede tener su propia especie o género de hongos, sino que, además, los bromatias son estructuras que estos forman solamente cuando son cultivados por hormigas de esta especie.[174]

Antes de abandonar el nido, una reina virgen se dota a sí misma con una pella de hongos, al igual que las novias solían, en otras épocas, llevarse un «comienzo» de levadura para hacer el pan en su nuevo hogar. Esta pella se guarda debajo de la boca y se trata de una dote esencial para la vida de la colonia que puede fundar. Abona allí los hongos con sus excrementos y, así, al llegar el momento de la eclosión de sus primeros huevos, los hongos habrán crecido para formar alimento para sus larvas.

Desde los tiempos de Salomón, muchas hormigas que en realidad no hacen nada semejante a lo dicho han sido consideradas agricultoras. La verdad es que siegan, pero no siembran, pues, aunque hay comedoras de semillas especializadas, las semillas que recolectan y almacenan en sus nidos no proceden de plantas cultivadas por ellas. Sucede a menudo que algunas de las semillas almacenadas se humedecen y germinan; estas semillas germinadas son sacadas del hormiguero y desechadas, y pueden acabar formando un círculo de plantas alrededor de la entrada del nido. Son estos jardines, brotados fortuitamente, lo que ha dado origen a la creencia de que las hormigas plantan deliberadamente semillas y cosechan el fruto resultante.

¿**Sabías que** hay determinadas especies de hormigas que utilizan a las hormigas obreras como barrera de entrada a la colonia, esto es, que utilizan su cabeza para tapar herméticamente la entrada de la madriguera y evitar que pasen intrusos?

23.
Los insectos corroboran la buena salud de los ríos

«Corría el agua rojiza, anaranjada, trenzando y destrenzando las hebras de corrientes, como los largos músculos del río. En la orilla había juncos, grupos de tallos verticales que salían del agua y detenían la fusca en oscuros pelotones. Sobresalía algún banco de barro, al ras del agua, como una roja y oblonga panza al sol.»

RAFAEL SÁNCHEZ FERLOSIO, *El Jarama*

Existe un recurso, el agua, que solemos considerar gratuito e inagotable, pero cada vez es más evidente que vamos a tener muchos problemas en un futuro próximo. Los caudales disponibles son ya un veinte por ciento inferiores a los de hace treinta años, y los expertos prevén que sigan disminuyendo por la combinación de dos factores: el descenso de las precipitaciones y una mayor evaporación por el aumento de las temperaturas. La sequía que estamos sufriendo los últimos años ha hecho del agua uno de los temas de mayor discusión, si bien el debate se está centrando, lamentablemente, solo en la cantidad y no tanto en la calidad.

Un ochenta por ciento de la población mundial (seis mil millones de personas) vivimos en zonas donde los cursos de agua están altamente amenazados, ya sea por vertidos, desechos y sustancias contaminantes, construcción de presas, vertidos procedentes de la agricultura o la introducción de especies exóticas. Muchos ríos no son más que caricaturas de cursos de agua: sus caudales han sido derivados para regadío o consumo doméstico, sirven como cloacas a cielo abierto o su flujo natural ha sido interrumpido por embalses que afectan de modo considerable a los organismos de sus aguas. En definitiva, gran parte de nuestros sistemas fluviales han dejado de ser considerados como sistemas naturales y han pasado a engrosar la lista de cursos de agua «muertos», que difícilmente pueden mantener las comunidades de organismos que le son propias.[175] Se crea así una situación que no solo pone en riesgo de extinción a muchas especies animales y vegetales, sino también la seguridad en el acceso al agua en muchas zonas del planeta.

El creciente deterioro que están sufriendo los cursos de agua durante las últimas décadas ha hecho saltar todas las alarmas y en la mayoría de los países desarrollados se han puesto en marcha programas de vigilancia y control de la calidad de las aguas. Dichos programas están fundados en los llamados «métodos biológicos», que, naturalmente, están basados en los organismos que viven en tal medio. La presencia o ausencia, o la mayor o menor abundancia de un organismo, nos indica alguna condición del ecosistema acuático. Peces, caracoles dulceacuícolas, crustáceos e insectos y sus larvas son la fauna dominante en las aguas dulces. Su salud es un reflejo del estado físico del sistema: mucho antes de que el río se contamine, el estado de sus peces e invertebrados cuenta una historia de estrés creciente y de un agua cada vez más peligrosa para el consumo humano.

Los organismos vivos que habitan en los cursos de agua presentan unos determinados límites de tolerancia a los diferentes cambios que se producen en el agua. Estos límites de tolerancia varían y, frente a una determinada alteración, se encuentran organismos «sensibles» que no soportan las nuevas condiciones impuestas y se comportan como intolerantes, mientras que otros, que son tolerantes, no se ven afectados. Si la perturbación llega a un nivel letal para los intolerantes, estos mueren y su lugar es ocupado por comunidades de organismos tolerantes. Del mismo modo, aun cuando la perturbación no sobrepase el nivel letal, los organismos intolerantes abandonan la zona alterada, con lo cual dejan un espacio libre que puede ser colonizado por organismos tolerantes. Por todo esto, las variaciones inesperadas en la composición y la estructura de las comunidades de organismos vivos de los ríos pueden interpretarse como signos evidentes de algún tipo de contaminación.[176]

Esto lo saben muy bien los pescadores: a ninguno se le ocurre ir a «hacer unos lances» a un río en el que no sepan que hay, entre otros, mirlos acuáticos, libélulas, nutrias o ranas comunes. Estos animales necesitan aguas muy limpias para sentirse a gusto. Si aparece algún mínimo elemento contaminante que podría pasar desapercibido para los seres humanos, estos animales huyen del lugar.

¿Qué es un bioindicador?

¿Qué ventaja tiene utilizar uno u otro organismo como bioindicador? ¿No sería mejor medir algún parámetro fisicoquímico del agua?

Los organismos, por el hecho de vivir en el agua durante varios días o meses, integran los cambios de todos los parámetros fisicoquímicos que se producen, mientras que una medida puntual de un parámetro fisicoquímico (el pH, por ejemplo) no nos dice nada de lo que pasó anteayer, que quizá fue el origen de la muerte de los organismos.

Pongamos un ejemplo: supongamos que en una determinada zona de un río se toman muestras semanalmente cada jueves (como un sistema de control de la calidad de las aguas). Es fácil imaginar que cualquier instalación industrial situada aguas arriba puede vaciar sus productos el viernes con toda la seguridad de que tendrán tiempo de ser arrastrados aguas abajo y no serán detectados en la toma de muestras que se harán días después.[177]

Sin embargo, en la vigilancia y el control de la contaminación usando organismos como bioindicadores existen multitud de metodologías que utilizan una amplia variedad de organismos: bacterias, protozoos, algas, macroinvertebrados (animales invertebrados que, por su tamaño relativamente grande, son retenidos por redes de luz de malla de entre 250 y 300 μm), peces… De todas las metodologías, las basadas en el estudio de los macroinvertebrados acuáticos son las mayoritarias, y las razones fundamentales de esta preferencia radican en su tamaño relativamente grande, que su muestreo no es difícil y que existen técnicas de muestreo muy estandarizadas que no requieren equipos costosos. Además, presentan un ciclo de desarrollo lo bastante largo que les hace permanecer en los cursos de agua el tiempo suficiente para detectar cualquier alteración, y la diversidad que presentan es tal que hay casi una infinita gama de tolerancia frente a diferentes parámetros de contaminación. Otra ventaja de este grupo radica en que, tras una perturbación, necesitan un tiempo mínimo de recolonización, pero, cuando se produce una perturbación, puede detectarse varias semanas e incluso meses después de que esta se produzca.

Los insectos, dentro de los macroinvertebrados, son los organismos más abundantes en los sistemas acuáticos. Ocupan todos los hábitats imaginables y desempeñan un papel muy importante dentro de los sistemas acuáticos: actúan como predadores, parásitos, herbívoros, descomponedores y, también, como alimento de peces y del resto de la vida silvestre. El elevado número de especies existentes, con diversas adaptaciones y grados de tolerancia, hace que la probabilidad de que al menos una especie sea sensible a cualquier tipo de alteración sea muy alta, lo que, unido a los largos períodos de tiempo de sus ciclos de vida, los hace testigos de excepción de lo que ocurre en sus ambientes, por lo que resultan unos excelentes «indicadores» de la «salud» de los medios acuáticos.[178]

¿Quiénes son los vigilantes de los ríos?

Cada uno de los órdenes de insectos necesita unas condiciones determinadas del medio para estar presente en las comunidades acuáticas y, según estas, variará la frecuencia o la abundancia de cada especie.[179]

- Las ninfas de efemerópteros son enteramente acuáticas y habitan especialmente los cursos de agua, pero también lagos, lagunas y balsas, tanto de agua dulce como salobre. El desarrollo ninfal, mucho más largo que la vida del adulto, suele durar un año, aunque en algún caso (*Ephemera danica*) dura dos años y en otros –en zonas tropicales– se tienen dos puestas en un año y en algún caso se registraron veintisiete mudas. Aparte de su importante papel en el ecosistema fluvial, los efemerópteros son usados como bioindicadores, ya que la presencia de unas u otras especies depende de la calidad del agua, la concentración de O_2 o los contaminantes disueltos. Por ejemplo, algunas especies de dípteros son muy tolerantes a la contaminación mientras que otras, como algunas especies de efemerópteros, desaparecen rápidamente si la calidad del agua se deteriora.

- Los odonatos (una orden de insectos entre los que se incluyen especies como las libélulas y los caballitos del diablo) son un grupo de insectos ligados completamente al medio acuático, tanto por sus etapas de desarrollo larvario, que se producen en el agua, como por su dependencia de este tipo de ecosistemas en su fase adulta para la alimentación y la reproducción, por lo que resultan muy adecuados para controlar la calidad de las aguas de un determinado territorio. Además, cumplen otros requisitos que permiten su aplicación como organismos bioindicadores: son abundantes y fáciles de observar, presentan gran diversidad de especies, tienen exigencias ecológicas variadas, su muestreo es sencillo y asequible económicamente y, gracias a su precisa caracterización taxonómica y a la existencia de bibliografía rigurosa y práctica, son relativamente fáciles de identificar incluso en el campo.

  Se ha comprobado que son buenos indicadores de la biodiversidad de una zona y también aportan información muy importante sobre el estado de conservación de los hábitats. Por todo esto, la conservación de los odonatos se encuentra muy ligada a sus hábitats.

Además, los medios acuáticos acogen a un gran número de especies que habitan junto a los odonatos y que para la sociedad pasan desapercibidos, por ello los odonatos son considerados especies «paraguas» (son las especies seleccionadas para tomar decisiones relacionadas con la conservación, usualmente porque protegiendo a estas especies se protegen de forma indirecta muchas otras especies que componen la comunidad de su hábitat).

- En casi toda piedra que levantemos en un limpio torrente montañoso encontraremos sujetas a su parte interior una o más ninfas de moscas de las piedras o perlas (*Plecoptera*). Debido a que necesitan agua razonablemente pura y bien oxigenada, son muy sensibles a cualquier reducción del contenido de O_2 y, por lo tanto, su presencia constituye un indicador de la poca o ninguna contaminación orgánica. Esta sensibilidad a las bajas concentraciones de O_2 parece derivarse de la ausencia de grandes branquias, de manera que estas pueden estar constituidas por finos filamentos en la base de las patas o incluso en el cuello. Las moscas de las piedras son típicas de aguas oligotróficas y muestran una uniformidad relativamente grande en cuanto a la escasa tolerancia a un enriquecimiento orgánico de las aguas, aunque algunas familias (*Leuctridae*, *Capniidae* y *Nemouridae*) contienen especies algo más tolerantes.[180]

- Otro orden que merece una nota alta como bioindicador son los coleópteros (esto es, escarabajos) acuáticos. Son lo suficientemente diversos, pero sin apabullar: hay muchos grupos predadores (en forma adulta, en estado larvario o ambos), tienen cierto atractivo en sí mismos (o, por lo menos, a mí me lo parece), son abundantes, fáciles de muestrear y no son demasiado estacionales; hay especies muy asociadas a diversas condiciones del medio (como, por ejemplo, aguas limpias, sitios sin alterar, ausencia o presencia de peces, etcétera) y están presentes en todas las masas de agua con excepción del mar abierto. Son típicos de aguas estancadas, sobre todo cuando hay vegetación.

Los tricópteros (*Trichoptera*) viven en todo tipo de aguas dulces y, por lo general, son bastante exigentes desde un punto de vista ecológico. Prefieren las aguas frías y bien oxigenadas, aunque la especie *Hydropsyche angustipennis* vive, y a veces en abundancia, en zonas próximas a la contaminación (zonas de recuperación del río), lo mismo que algunas especies de *Rhyacophila*.[167]

En el caso de los *Diptera*, algunas especies están adaptadas a vivir en zonas con elevadas corrientes y concentraciones de O_2 (*Atherix*, *Limnophora*, etcétera), mientras que otras son especies oportunistas, adaptadas a vivir en ecosistemas con ciertas perturbaciones e incluso en condiciones extremas (*Chironomus riparius*), por lo que hay especies con requerimientos muy diferentes en cuanto a la calidad del agua.

«Un día tras otro vertemos millones de toneladas de aguas residuales sin tratar y desechos industriales y agrícolas en los sistemas hídricos del mundo. El agua limpia escasea y escaseará aún más a medida que avance el cambio climático. Y los pobres son las primeras y mayores víctimas de la contaminación, de la escasez de agua y de la falta de un saneamiento adecuado.»

BAN KI-MOON,
secretario general de las Naciones Unidas (2007-2016)

¿**Sabías que** en la antigua Grecia creían que los paisajes fluviales, dada su belleza, pertenecían al mundo de los dioses?

24.
Los insectos indicadores de cambio climático

«¿Cómo se atrevía alguien a conocer el mundo a través de los ojos de un insecto?»

IAN McEWAN

Como todos sabemos, las últimas décadas se han caracterizado por la variación de las precipitaciones, temperaturas extremas y numerosos fenómenos meteorológicos excepcionales que se están produciendo en todo el mundo. Nuestro clima está cambiando de forma permanente en lugar de pasar por un período normal de cambio natural. Tenemos evidencias científicas de que el cambio que está experimentando nuestro planeta tiene causas inconfundibles relacionadas con la actividad humana: las estaciones meteorológicas muestran que las temperaturas medias del aire están aumentando y, como resultado, la frecuencia y la severidad de las sequías y las olas de calor, también. A su vez, las sequías intensas contribuyen a provocar incendios forestales destructivos y cosechas fallidas y también amenazan los suministros de agua potable. Estos efectos no son uniformes en el planeta, y por eso no se percibe como un problema global, excepto para las zonas que sí notan ya estos efectos de forma contundente.

Nuestra actividad y la actividad de todos los organismos vivos están fuertemente influidas por la temperatura, por lo que no debería extrañarnos que el calentamiento global se haya traducido ya en cambios significativos en los ciclos vitales de plantas y animales. El paso por las diferentes fases de desarrollo de una especie depende, entre otros factores, de la temperatura acumulada, lo que los biólogos denominamos grados/día, es decir, del total de energía requerida por un organismo para desarrollarse y pasar de un estadio a otro de su ciclo vital. Las evidencias de estas alteraciones en los ciclos vitales son fácilmente observables para todos aquellos que sigan la naturaleza y tengan unos cuantos años. Por ejemplo, el manzano, el olmo o la higuera parece que están sacando las hojas con un mes de antelación y el almendro y el chopo unos quince días antes, aunque hay otros árboles, como el castaño, que parecen inmutables al cambio de temperatura (seguramente son más dependientes de otros factores, como el fotoperíodo o la disponibilidad hídrica).

Por otro lado, por término medio, las plantas también están floreciendo y fructificando diez días antes de lo que lo hacían treinta años atrás. Y los ciclos vitales de los animales están igualmente alterados. En este estado de cosas, los insectos no iban a ser una excepción: la aparición de insectos, que pasan por los diferentes estadios larvarios más rápidamente en respuesta al calentamiento, se ha adelantado once días, algo que se hace muy evidente, por ejemplo, en el caso de las mariposas: aparecen antes, son más activas y alargan su período de vuelo.[182]

En definitiva, los insectos y otros seres vivos sacan los colores a cualquier instrumento que utilicemos los humanos en lo que atañe a meteorosensibilidad.

A pesar de las notables controversias que la cuestión del cambio climático desata, existe un acuerdo general respecto a que el calentamiento global registrado en la segunda mitad del siglo XX tiene causas antropogénicas y está afectando a la biota –conjunto de organismos vivos, como animales y plantas– del planeta. Bien diferente es concretar el modo en que este cambio atañe a los distintos organismos. Parmensan y Yohe[183] señalan que en el hemisferio norte existen cada vez mayores indicios de que la distribución de los insectos está cambiando según pautas sin precedentes. Los límites de distribución de muchas especies se han desplazado hacia el norte 6,1 kilómetros cada diez años en el último siglo y, asimismo, se ha elevado el límite altitudinal en los sistemas montañosos a razón de 6,1 metros por década. De igual manera, empezamos a conocer datos sobre cambios fenológicos relativos al adelanto de fenómenos naturales primaverales (floración, llegada de migradores, etcétera) entre dos y cinco días por década.[184]

Las alteraciones climáticas terrestres están proporcionando a las especies de insectos móviles, por lo tanto, un mayor número de hábitats hospitalarios y, por si fuera poco, el comercio global ha hecho que las oportunidades de colonizar nuevos hábitats aumenten considerablemente para dichas especies.[185]

Existe un buen número de trabajos en los que se predice que las zonas de distribución de la mayor parte de las especies de insectos tenderán a desplazarse hacia los polos y hacia lugares de elevación más alta en conformidad con los cambios climáticos pronosticados y que serán las regiones templadas las que sufrirán el grueso de las consecuencias de estas alteraciones.

Sobre las mariposas de actividad diurna (ropalóceros) y las abejas melíferas se han basado un buen número de estudios fenológicos. En uno de ellos, Roy y Sparks[186] han encontrado que, de treinta y cinco especies analizadas en el Reino Unido, veintiséis han adelantado su vuelo primaveral en las últimas décadas. Conclusiones similares se han alcanzado en el caso de diecinueve especies de mariposas del Parque Natural de los Aiguamolls de l'Empordà.[187]

Los cambios fenológicos no suponen solo un simple adelanto de ciertos eventos vitales para especies animales concretas, sino que pueden convertirse en un desastre ecológico al desajustar la sincronía entre las fechas óptimas para la mutua relación entre dos o más especies (como la existente entre la apertura de la flor y la época de vuelo del insecto polinizador correspondiente) o la mayor abundancia de depredadores y presas, parasitoides y huéspedes o herbívoros y plantas.[188]

En términos generales, el calentamiento planetario favorece la ampliación hacia el norte (en nuestro hemisferio) o hacia el sur (en el otro) del área de distribución de las especies, pero… ¿se trata realmente de una ampliación o de un corrimiento?

Es decir: ¿qué sucede en el límite meridional (en el hemisferio norte) o en el septentrional (en el sur)? ¿Se desplaza igualmente? ¿Permanece fijo? ¿Qué ocurre en la distribución altitudinal en los ecosistemas terrestres?

En general, el calentamiento del clima significará una ampliación hacia el norte de las áreas de distribución de las especies de lepidópteros de Eurasia y de Norteamérica. Se entiende que el área de distribución se desplaza hacia el norte cuando el balance entre las nuevas colonizaciones con respecto a las extinciones locales es positivo en el borde septentrional del área de distribución.[189]

En un estudio sobre cincuenta y siete especies de mariposas (*Papilionoidea* y *Hesperioidea*) europeas no migratorias, se observó que dos tercios habían desplazado hacia el norte su límite meridional en el último siglo, en una magnitud entre 35 y 240 kilómetros, y solo dos especies lo habían hecho hacia el sur.

Por otra parte, como se indica en un ensayo publicado en *Nature Communications*, un buen número de libélulas características del Mediterráneo, como la escarlata (*Crocothemis erythraea*) o la *Coenagrion scitulum*, ya pueden encontrarse en Alemania. De hecho, esta última ha sido avistada en Inglaterra por primera vez en los últimos cincuenta años.[190]

No obstante, no todas las especies tienen posibilidades de emigrar hacia cotas situadas más al norte para adaptarse a las consecuencias del cambio climático. En la península ibérica muchas especies de insectos viven desde la última glaciación en cimas de montaña como consecuencia de un proceso de colonización que se produjo en períodos fríos, constituyendo auténticos relictos de los períodos glaciares. Muchas de estas poblaciones de insectos quedaron aisladas, como es el caso de la conocida mariposa *Parnassius apollo*, que vive entre altitudes de setecientos y tres mil metros. Pues bien, especies como esta no podrán colonizar nuevas áreas situadas más al norte debido a que se encuentran en cadenas montañosas de disposición transversal que impiden su desplazamiento latitudinal, con lo que quedan, por lo tanto, recluidas a áreas reducidas y con la única posibilidad de emigrar hacia cotas de mayor altitud, y se ven abocadas a la extinción local cuando llegan a la cima de la montaña.

Pero no todo es tan catastrofista: algunas otras especies han podido superar dichas barreras y ampliar repentinamente su ámbito de presencia. Por ejemplo, el aumento de los movimientos de las masas de aire cálido hacia latitudes elevadas ha sido la causa de que al archipiélago Svalbard, en el océano Glacial Ártico, llegase la polilla de la col (*Plutella xylostella*), superando en ochocientos kilómetros el límite septentrional de su zona normal de distribución en el oeste de Rusia.[191]

En cuanto a nuestro país, existen igualmente indicios de un ascenso altitudinal en las áreas de distribución de las especies animales en las montañas y, en consecuencia, una mayor tasa de desaparición de las poblaciones a menores altitudes. La sierra de Guadarrama, sin ir más lejos, es muy rica en la biodiversidad de las mariposas, pero, lamentablemente, su futuro está seriamente amenazado. Aun en las previsiones más optimistas, que sitúan el aumento de temperaturas derivado del cambio climático en tan solo 2 °C para los próximos treinta años, las mariposas perderían el 80 % de su hábitat.[192]

Además, algunas especies podrían llegar a desaparecer, ya que a partir de mil seiscientos metros tienen serios problemas de supervivencia y el cambio de vegetación que se produce a esas alturas puede hacer que no cuenten con la alimentación necesaria.[193]

Otro factor clave en esta cuestión es la capacidad de dispersión: aquellas especies que tengan poca pueden verse gravemente afectadas e incluso pueden llegar a extinguirse debido a su menor capacidad de dispersión al no poder volar. En estos casos, como el de muchos escarabajos, los desplazamientos son mucho más lentos, y ante cambios ambientales que se produzcan de forma lenta y gradual podrán migrar, pero serán incapaces de responder ante rápidas alteraciones ambientales que influyen, incluso, en los colores de las mariposas.

No se trata de ninguna exageración: es un hecho que en el Viejo Continente cada vez es más difícil ver mariposas y libélulas de colores oscuros. De hecho, estos insectos están siendo desplazados por otros de tonos más claros capaces de lidiar mejor con los efectos del cambio climático, o al menos esa es la conclusión a la que ha llegado un equipo de investigadores de las universidades de Copenhague y Marburgo y del Imperial College de Londres, que han observado cómo las especies que lucen una coloración más intensa se están moviendo hacia el norte y a regiones más frías, como los Alpes y los Balcanes, al mismo tiempo que Europa se vuelve más cálida. No se trata de un fenómeno caprichoso: el color de estos animales está íntimamente relacionado con el modo en que absorben la energía del sol y desempeña un papel clave en la regulación de la temperatura corporal de su organismo.[194]

Cambiando sus rutas...

Las especies invasoras aumentan su presencia exponencial en el mundo año tras año, como silenciosos vagabundos del clima, desplazando a las autóctonas, transmitiéndoles enfermedades, destruyendo la biodiversidad y causando estragos en los hábitats y en las infraestructuras. Se trata de especies que rompen el equilibrio natural como quien desatornilla una montaña rusa. Hay quienes las describen como bombas atómicas, una invasión dañina que tiende a ser desatendida en sus inicios y que después es imparable.

Pero no se trata de un fenómeno nuevo y reciente, sino de un proceso antiguo que empezó antes de Roma, pero que ahora, gracias a la nueva economía global, se multiplica a velocidades de vértigo.

Una cosa es segura: si una de estas especies prolifera, es que el medio ha sido perturbado y el humano ha metido su zarpa en un efecto colateral impulsado por la economía global, el turismo y la negligencia.

Y es entonces (es decir, hoy en día, y de un modo muy paradójico) cuando la principal especie invasora de la historia –el ser humano– empieza a preocuparse por una invasión producida por sus actos. Los controles de aduanas parecen fallar y la economía global no echará el freno, por lo que estaremos cada vez más interconectados y en los próximos años el cambio climático no hará más que allanar el terreno a estas especies invasoras: un caballo de Troya repleto de flora, artrópodos, crustáceos, peces, aves y mamíferos a las que, como explica Manuel Nogales,[195] «técnicamente, una vez instaladas, es prácticamente imposible o muy costoso erradicarlas. La prevención es fundamental».

Algunas especies invasoras

En España tienen presencia estable, en condición de invasión declarada, animales tan variopintos como los mapaches, los galápagos de Florida, la avispa asiática y el mosquito tigre.

- Algunas de estas especies han podido propagarse por sus propios medios tras colonizar países limítrofes. Es el caso de la avispa asiática (*Vespa velutina*), que ya había invadido parte del territorio francés en 2004. Desde que esta entró en el espacio aéreo español en 2010, algo raro está pasando en los campos de todo el norte peninsular. Faltan mariposas, moscas, avispones y, sobre todo, abejas, un manjar para esta especie invasora, ya que es una de sus principales fuentes de alimento durante el período de cría, pero, no lo olvidemos, de cuya polinización depende el setenta por ciento de los cultivos para consumo humano. Todo apunta a que el voraz insecto procedente de China, que llegó a España desde Francia, está ganando la guerra a sus parientes autóctonos. Es una grave amenaza para la apicultura, pero también podría afectar al panorama agrícola si mengua a uno de los más importantes insectos polinizadores, la abeja, que, como ya hemos dicho, es una especie ya de por sí muy atacada por los plaguicidas agrícolas.

- En los últimos años, la hormiga *Linepithema humile*, procedente de Argentina, llegó a España. Es una especie muy agresiva que ataca y destruye colonias de especies nativas de hormigas. Además, es potencialmente interruptora de procesos naturales clave, como la dispersión de semillas de ciertas plantas.

- El lepidóptero *Lymantria dispar* fue introducido desde Europa en la parte nororiental de Estados Unidos en 1869; desde entonces, el insecto se ha extendido hacia el oeste y el sur en Estados Unidos y hacia el norte en Canadá, donde ahora su límite de expansión septentrional ha sido frenado por las condiciones climáticas adversas.

La predicción, no obstante, es que el insecto se establezca en Canadá y amenace a una gran cantidad de recursos de bosques de frondosas, y todo esto se debe a que el cambio climático permite su proliferación hacia lugares más distantes en dirección norte y oeste.

- La OMS también ha puesto de relieve qué especies de insectos transmisores de enfermedades parasitarias están apareciendo en nuevas áreas como consecuencia del desplazamiento provocado por el incremento de temperaturas.[196] Algunos investigadores han definido el cambio climático como la más grande amenaza sanitaria que el mundo jamás ha enfrentado. Y tienen razón: es ahora una verdad irrefutable que la salud del planeta está vinculada a la salud de sus pueblos.

  En nuestras latitudes, uno de los casos más relevantes es el de *Culicoide imicola*, un mosquito vector de arbovirus del ganado que produce, entre otras, la enfermedad de la lengua azul en rumiantes y la peste equina. Esta especie, que solamente se conocía en la mitad suroccidental de la península ibérica, ha ampliado durante los últimos años su área de distribución hacia el norte peninsular, y es que un incremento de unos dos grados en la temperatura media anual durante el presente siglo podría significar la ampliación de doscientos kilómetros del límite norte de distribución en Europa.
- *Aedes aegypti* es un mosquito pequeño, de color oscuro, con marcas blancas y patas listadas. Según los Centros

para el Control y la Prevención de Enfermedades (CDC) de Estados Unidos, el mosquito *Aedes aegypti* es responsable de transmitir el virus del Zika, el virus del dengue, el virus de la chikunguña y el virus de la fiebre amarilla en ciertas partes del mundo. Los seres humanos se infectan por picaduras de hembras infectadas, que, a su vez, se infectan principalmente al succionar la sangre de personas infectadas.

- En las últimas décadas, por otra parte, el mosquito *Aedes albopictus* se ha extendido desde Asia hasta África, América y Europa, particularmente gracias al comercio internacional de neumáticos usados, pues estos suelen acumular agua de lluvia y los mosquitos depositan sus huevos allí.

En líneas generales sabemos que el cambio climático tendrá efectos sobre las enfermedades transmitidas por insectos, pero las consecuencias exactas siguen siendo inciertas. Necesitamos urgentemente construir conocimiento sobre cómo afectará el cambio climático a la salud, especialmente a través de los insectos que transmiten las enfermedades. Y debemos fortalecer nuestros sistemas de salud para poder hacer frente a los cambios esperados.

Aunque no hay un acuerdo general sobre cuánto hará aumentar las enfermedades transmitidas por insectos el cambio climático, hay un consenso emergente de cómo enfrentar una potencial crisis. El desarrollo de modelos precisos y de vigilancia entomológica para predecir o detectar los brotes de las enfermedades es muy necesario, y actuar como sistemas de alerta temprana parece ser lo fundamental.

¿**Sabías que** las mariposas y las libélulas de tonalidades más claras están mejor preparadas para sobrevivir en un mundo más caluroso y que los efectos del cambio climático no son ideas sobre lo que ocurrirá en el futuro, sino que ya se hacen notar hoy en día en los ecosistemas?

RESPUESTA
COMERCIAL

Apdo. de correos:
12014 FD

08080 BARCELONA

Autenticidad *y* ***sentido***
www.plataformaeditorial.com
info@plataformaeditorial.com

Esperamos que hayas disfrutado del libro. A continuación nos gustaría saber algunas cosas sobre ti, como qué temáticas te interesan, para hacerte llegar recomendaciones personalizadas a tu correo. ¡No nos gusta el spam!, así que prometemos hacerte llegar solo unas pocas al año con contenido personalizado para ti, siempre y cuando nos des tu consentimiento marcando la casilla que encontrarás al final de la tarjeta.

- ☐ Salud
- ☐ Educación
- ☐ Autoayuda y desarrollo personal
- ☐ Narrativa histórica
- ☐ Empresa
- ☐ Libro Feel Good™
- ☐ Narrativa contemporánea
- ☐ Asia
- ☐ Clásicos del siglo XIX y XX
- ☐ Plataforma Neo (libros juveniles)
- ☐ Cocina / Nutrición
- ☐ Libros ilustrados
- ☐ Patio Editorial (libros infantiles)
- ☐ Ciencia
- ☐ Testimonio
- ☐ Naturaleza / animales

SUGERENCIAS . . . .

. . . .

¿EN QUÉ LIBRO ENCONTRÓ ESTA TARJETA? . . . .

NOMBRE Y APELLIDOS . . . .

PROFESIÓN . . . . FECHA DE NACIMIENTO . . . .

DIRECCIÓN . . . .

POBLACIÓN . . . . C.P. . . . .

PROVINCIA . . . . TELÉFONO . . . .

CORREO ELECTRÓNICO . . . .

☐ Acepto recibir correspondencia publicitaria

25. Carne de insectos: ¿un recurso alimenticio?

«–Estos insectos se comen hasta la última cosa verde que crece, y nosotros los agricultores nos morimos de hambre.
–Pues come de ellos, y engordarás.»

HOLT[197]

Por muy inteligentes que nos consideremos, los hombres no somos más que primates y, como bien sabemos los zoólogos, la gran mayoría de estos animales consumen activa o incidentalmente insectos. Incluso los monos más vegetarianos, como los colobos, los langures y los gorilas, consumen insectos de forma involuntaria, envueltos en hojas o enterrados en la pulpa de las frutas o de un modo más activo cuando se despiojan mutuamente. Pero el despiojado no es tan solo una actividad altruista: cuando un mono le saca los piojos a un congénere, también suele tragárselos, no solo porque así se asegura de que no volverán a infestar a su huésped, sino porque, además, obtiene una fuente de proteínas suplementaria.[198]

Los insectos y los productos elaborados o eliminados por ellos son consumidos por la especie humana desde el Plio-Pleistoceno y está demostrado tanto que el *Australopithecus robustus* (homínido que vivió en Sudáfrica hace entre 2 y 1,2 millones de años) se alimentaba de comejenes (termitas) como que el maná celestial del Antiguo Testamento era una secreción cristalizada y azucarada de la cochinilla *Trabutina mannipara* (*Homoptera*), insecto escamoso que habita en el Sinaí.[199]

En relación con esto, el entomólogo israelí Bodenheimer consiguió demostrar que en la antigua Grecia las cigarras eran un plato muy codiciado y, según Aristóteles: «Las cigarras saben mejor en su fase de ninfas, antes de la última transformación... y entre los adultos, los mejores para comer son los primeros machos, pero esto ha de hacerse después de la cópula con las hembras, que a la sazón se encuentran llenas de huevos blancos».

En el Antiguo Testamento, en el Levítico, podemos leer lo siguiente: «Podéis comer toda clase de brugos, ofiómacos y langostas..., podéis comer todas las criaturas con alas que se arrastran sobre cuatro patas y además tienen dos para saltar por la tierra...».

La entomofagia va a llegar. No se trata de ninguna profecía de un enajenado o de unos extravagantes ociosos, sino una apuesta plausible después de que el Parlamento Europeo aprobase la regulación de los insectos dentro de la normativa alimentaria. Una vez que la OMS y los nutricionistas se han vestido de enemigos de la cesta de la compra y la verdura ha vencido a la hamburguesa y al beicon, llega Bruselas y nos pone en bandeja larvas, grillos y saltamontes. «Nos prohíben comer jamón y quieren que comamos gusanos. ¿Qué será lo siguiente?», pues abrir la mente, aguantar la náusea y no hacer ascos a sumar una materia prima más –aunque sea invertebrada– a nuestra dieta.[200]

Volviendo a la entomofagia, no es una práctica rara, aberrante o marginal: los insectos son una importante fuente de proteínas y un hábito ancestral en muchos países del mundo. A los romanos les gustaba la larva del ciervo volante (*Lucanus cervus*), que es, según muchos, lo mismo que el *cossus* que los romanos engordaban para la mesa a base de harina y vino. Como ellos, y en la actualidad, casi un tercio de la población del planeta despacha a diario algunas de las 2.037 especies comestibles.

A este recurso apeló la ONU en el informe de la FAO[201] de 2013 en el que recomendaba la ingesta de insectos para combatir el hambre en el mundo. Ya que parece que no hay intención política de mejorar la distribución alimenticia global, por lo menos que se apacigüe echando mano de lo que aletea, repta y corretea a seis patas.

Al fin y al cabo, es económico, sostenible y la despensa está a rebosar.

Los últimos nichos por explorar

En 2050 habrá dos mil millones de personas más en el mundo que ahora, y tendrán que comer lo mejor posible. Tras explotar al máximo los actuales animales domésticos, llevar al borde de la extinción a la mayoría de los cuadrúpedos salvajes, sobreexplotar los mares y amenazar con desertificar las selvas y otros espacios naturales, las algas y los insectos son de los últimos nichos por explorar.

Los expertos han encontrado que la leche de cucaracha será el superalimento del futuro: la especie *Diploptera punctata* la produce como alimento para sus crías y se ha descubierto que su leche es tres veces más calórica que la de los mamíferos, posee un excelente tipo de proteínas (en forma de cristales) y es más rica en grasas, azúcares y aminoácidos, lo que la convierte en un superalimento fantástico porque, además de las cualidades ya mencionadas, una vez ingerida los cristales van liberando las proteínas gradualmente.

Pero la cosa no se queda aquí: Finlandia ya ha puesto a la venta su primer bollo de pan con harina de grillo; cada bollo contiene unos setenta insectos pulverizados, lo que supone el tres por ciento de su peso total. El resultado es un pan con mayor contenido en proteínas, ácidos grasos, calcio, hierro y vitamina B12.

En definitiva, los insectos pueden ser una fuente abundante, barata y segura de proteínas, grasas y nutrientes.

La alimentación es uno de los aspectos del comportamiento humano que más claramente se ve afectado por el aspecto cultural. Dentro de los límites lógicos de la toxicidad o la digestibilidad, puede decirse que, con mayor o menor capacidad nutritiva, casi todo es comestible. Solo que lo que para unos es intragable para otros es su comida habitual, hasta el punto de que si encontramos una cultura que tache algo como repugnante, no nos llevará mucho trabajo encontrar otra que lo considere un manjar. Lo prohibido por una religión (por ejemplo, el cerdo en el islam) es permitido por otras, y a veces muy apreciado: solo hace falta recordar el jamón ibérico.[202]

Para algunos, en definitiva, esta nueva oportunidad de mercado representa «un gran paso», pero para otros se trata de una frivolidad no trasladable al primer mundo, ya que en Occidente no supone una necesidad tan imperiosa, sino una fórmula para normalizar lo exótico y dignificar el consumo de unas criaturas que también forman parte del planeta, del mismo modo que nadie le niega la gracia al percebe y al camarón.

Es un hecho que los territorios menos consumidores de insectos son Europa y Norteamérica, y ello en gran medida se debe a que los hábitats naturales de estas zonas son pobres en insectos de gran tamaño y, sin embargo, son más ricos en animales mayores, salvajes o domésticos. El arraigo a una dieta carente de insectos hace que culturalmente estos sean rechazados de manera inmediata y considerados no gratos y nocivos, por lo que el mero hecho de pensar en una hormiga, un escarabajo o una chinche como alimento provoca repugnancia. No obstante, no ocurre lo mismo con la langosta de mar, crustáceo consumido en cantidades increíbles en todas las mesas de alto postín de muchos países.

De lo que nos olvidamos es de que la langosta tiene unos hábitos alimentarios tan sucios que, para asegurarse su captura, los pescadores ponen como cebo en sus trampas de langostas carne podrida o peces que están tan pasados que ni los cangrejos los quieren. Ahora bien: pensemos en lo que ocurriría si en una de nuestras mesas apareciera un plato bien cocinado de babosas que ingiriesen comida limpia; seguramente hasta nuestros invitados más osados evitarían probarlas.

No obstante, y pese a todas las reticencias, algunos insectos sí entran en nuestra dieta occidental: los gusanos del queso y las larvas vivas de mosca son consumidos tranquilamente por mucha gente que a menudo dice que «son parte de un tipo de queso». Hay cierto fundamento para tal opinión, porque estas larvas comen solo queso, pero ¿qué dirían estos *gourmets* si se les sirviera una col hervida con sus propias orugas?

Las causas del rechazo

El rechazo de los europeos y estadounidenses a comer insectos se debe a que culturalmente los asociamos con infecciones y, por lo tanto, como portadores de enfermedades, aunque seguramente nuestra aversión hacia ellos sería menor si distinguiéramos entre los que solemos ver por nuestras ciudades y casas y los que viven al aire libre, en la naturaleza. Por lo demás, si nos fijamos en la comida de la que se alimentan, que es uno de los criterios más comunes para decidir si un animal es o no adecuado para la alimentación humana, comprobaríamos que la mayor parte de los insectos dependen íntegramente de materia vegetal de uno u otro tipo, y si alguno pudiera estar contaminado por haberse alimentado de vegetales tratados con productos químicos, se podría solucionar dejándolo en ayunas para que sea su propio organismo quien expulse las toxinas.[203]

Harris,[204] un materialista cultural, atribuye el hecho de que algunas sociedades consuman insectos y otras no a la teoría de la caza-recolección. Para él, la repulsión al consumo de insectos se explica a través de una relación coste/beneficio.

Según él, hay tres razones para que un alimento sea desterrado del menú humano: cuando el alimento es costoso tanto para ser conseguido como preparado, cuando existe un sustituto más nutritivo y barato y, finalmente, cuando incide negativamente sobre el ambiente. Con el tiempo, el alimento rechazado se transforma culturalmente en un alimento «malo para comer» y, por el contrario, un insecto es apropiado como recurso alimentario cuando está disponible en gran cantidad y es fácilmente criado.

Pese a lo convincentes que parecen sus argumentos, la teoría económico-ecológica de Harris se ha visto refutada por la mayoría de los antropólogos actuales, quienes prefieren atribuir la mayor o menor entomofilia de una sociedad dada a sus criterios culturales. Así se explicaría, en todo caso, que la inmensa mayoría de los pueblos del planeta tengan algún que otro artrópodo terrestre en sus recetas.

Los insectos como manjares

Las culturas consumidoras de insectos son muy numerosas. En particular, en aquellas regiones más ricas en fauna insectil y más pobres en vertebrados de gran tamaño. Las hormigas se consumen en Colombia, Tailandia, Sudáfrica y son deliciosas para los aborígenes australianos y para numerosas tribus amerindias; las abejas y las avispas se ponen a la mesa en China, Birmania, Sri Lanka y algunas zonas de Japón, y mariposas, polillas o sus larvas se cuentan en la dieta de los esquimales y en Indonesia, Japón, China, Madagascar y Zimbabue.

Y sigamos con la lista: cucarachas en China y Tailandia, para los bosquimanos del Kalahari y para los aborígenes australianos.

Pero el país que se lleva la palma en cuanto al consumo de insectos es México, hoy en día el mayor consumidor no solo por el gran porcentaje de población que los consume, sino por la cantidad de especies, más de doscientas cincuenta. Entre ellas se cuentan los jumiles (chinches), que incluso tienen un día de celebración, el «Día del jumil» (el día después de los difuntos), y también larvas de mariposas, escamoles (larvas de hormigas), ahuautles (huevos de chinches acuáticas, conocidos como el caviar mexicano), saltamontes, larvas de abejas y avispas, etcétera.

Hoy día, en los estados mexicanos de Oaxaca, Guerrero, Morelos, Veracruz y México se continúa preparando, como antaño, una salsa hecha de jumiles y de otras «chinches hediondas» (hemípteros pentatómidos) que, al decir de muchos *gourmets*, tiene sabor a menta y a canela. Otros insectos, como la avispa comestible, las hormigas y los chapulines de Oaxaca, suelen consumirse fritos (las hormigas también se comen recubiertas de chocolate), otros se consumen marinados en jugo de limón, como el excelente saltamontes *Melanoplus femurrubrum*, o en salsa verde y combinados con tortillas, como el gusano de maguey, cuyo sabor recuerda y supera al chicharrón de cerdo, y los escamoles y algunos saltamontes se comen vivos, del mismo modo que nosotros nos comemos las ostras y las almejas. También pueden incluirse en el menú las hormigas mieleras, que no se consumen enteras, ya que los mexicanos se limitan a saborear su azucarado abdomen.

Cambiando de continente, en Asia los chinos actuales comen con delectación en los restaurantes y en los puestos callejeros los mismos saltamontes, cigarras, orugas, larvas de abeja y crisálidas de la mariposa de la seda que salvaron del hambre a sus abuelos, y también se deleitan con los escorpiones fritos que antes se reservaban a la corte imperial y de los que, tanto hoy como antaño, se cree que reducen los niveles de toxinas corporales.

Sin salir del sudeste asiático, los balineses se deleitan con libélulas asadas a la brasa o hervidas con jengibre, ajo, chile y leche de coco, y más cerca de nosotros, en el norte de África, las langostas del desierto (*Schistocerca gregaria*) eran todavía objeto de un constante comercio durante la década de 1950. Ampliamente citadas en el Corán como fuente de alimento, estas y otras langostas migratorias ya habían sido decretadas aptas para el consumo por Moisés –así consta en el Levítico– y, mucho antes, hace unos cinco mil años, hicieron las delicias de los reyes asirios.

Todavía hoy, cuando las inmensas nubes de langostas se adueñan de los campos, los campesinos africanos y del Oriente Medio recogen a centenares los insectos caídos del cielo y, tras arrojarlos en agua salada hirviendo o sobre una capa de brasas, compensan la destrucción de sus cosechas con este especial recurso alimenticio.

Más al oeste, en África ecuatorial, los insectos más codiciados son las termitas, los saltamontes, las orugas y las larvas de gorgojo de las palmeras (*Rhynchophorus phoenicis*). Las termitas, en concreto, son el segundo grupo de insectos que más se consume en el mundo, después de los saltamontes, los grillos y las langostas. Las más apreciadas son las reinas y los machos alados, que en Costa de Marfil y otros países africanos se recogen por millares a principios de la estación de lluvias, cuando los campos agostados apenas ofrecen alimentos a una población malnutrida que debe prepararse para la inminente y dura cosecha.

Todo es empezar...

En el otro lado del espectro de estos grandes entomófagos se sitúan los habitantes de Canadá, Estados Unidos y Europa, incluidos los del suroeste de este continente, que consumen invertebrados tan repugnantes para otros europeos como los calamares, los caracoles, los erizos, los pepinos de mar y los percebes (un crustáceo que incluso los franceses rehúsan), pero que nunca se «rebajarían» a comer insectos. Y es que la cultura europea y norteamericana siente auténtica repulsión, no ya a comer, sino simplemente a entrar en contacto con cualquier insecto, incluidos arañas, escorpiones y miriápodos.

Pero no todo está perdido. Los insectos ya han llegado a convertirse en ingrediente de algunos platos en restaurantes de lujo. Como casi siempre, Nueva York va por delante, pero en Europa el fenómeno ya ha arrancado: restaurantes de diferentes ciudades europeas incluyen hormigas, saltamontes y orugas en sus recetarios de alta cocina y existe incluso una ginebra con esencia de hormigas. Y es que los insectos también tienen derecho al postureo.

Pero, salvo para los devotos de lo exótico, en España, por ejemplo, lo más probable es que estos platos tuvieran poca aceptación. El jamón está muy bueno y la idea de sustituirlo, si el hambre aprieta, por huevas de hormigas, pan de larvas de polillas (las del árbol del mopane sudafricano) y gusanos de escarabajo y saltamontes no parece que vaya a ser muy exitosa.

¿Y alimentan de verdad?

Los insectos son seres vivos perfectamente comestibles desde un punto de vista biológico y nutritivamente hablando son una gran fuente de calorías: cien gramos de termitas africanas proporcionan seiscientas diez calorías frente a las ciento cincuenta calorías que proporciona la misma cantidad de un filete a la plancha. El interés nutricional de los insectos no es solo por su contenido en proteínas, sino también por la composición de sus grasas, ya que presentan mayor cantidad de ácidos grasos poliinsaturados que el pescado o las aves. En cuanto al contenido vitamínico, las larvas de abeja contienen, por ejemplo, diez veces más vitamina D que el hígado de pescado y dos veces más vitamina A que la yema de huevo.

Por lo tanto, cuando consciente o inconscientemente hemos ingerido una mosca, un gusano entre la lechuga o unos bichitos entre el arroz o la harina, no solo no nos ha pasado nada, sino que encima nos han proporcionado un aporte extra desde el punto de vista nutricional.

Prevenciones que tener en cuenta

Pero, ojo, cuando se discute sobre recursos alimentarios es necesario tener en consideración también su adaptación al ser humano. En lo que se refiere a los insectos, es importante reconocer que muchas especies obtienen toxinas de sus plantas nutrientes o pueden producir sus propias toxinas, volviéndose no comestibles.[205] Además, si una persona es alérgica al consumo de camarones o langosta, debe prestar atención al consumo de insectos, pues parecen existir alergógenos comunes.[206]

Hay algunas otras especies que deben ser evitadas como alimentos, tales como insectos cianogénicos (lepidópteros de la familia *Nymphalidae* y *Heliconidae*), vesicantes (mariposas del género *Lonomia*), productores de hormonas esteroides (especies de coleópteros del género *Ilybius*) y corticoesteroides (especies de coleópteros del género *Dytiscus*), alcaloides necrotóxicos (hormigas de fuego, *Solenopsis* spp.), etcétera.

Una última advertencia: las hembras de *Lytta vesicatoria* (*Coleoptera*) almacenan cantaridina tanto en los ovarios como en los huevos, por lo que su toxicidad solo es evidente cuando el aparato reproductor es expuesto a los tejidos entéricos y orales de un entomólogo incauto.[207]

¿**Sabías que** los grillos convierten las plantas en biomasa cinco veces más rápido que las vacas?[208]

26. Entomoterapia

> «¿Qué sería de nuestras tragedias si un insecto nos presentara las suyas?»
>
> EMIL CIORAN

Desde la Antigüedad, el uso de distintos tipos de artrópodos, particularmente insectos, así como los productos extraídos de estos animales, han sido parte de los recursos terapéuticos en los sistemas médicos de muchas culturas e incluso han tenido un papel místico y mágico en el tratamiento de muy diversas enfermedades.

Durante el siglo XVII se le atribuía algún poder curativo a casi cualquier insecto conocido y prevalecía la creencia de que cada criatura poseía alguna utilidad para el hombre.

Por supuesto, la mayoría de las recomendaciones eran pura charlatanería y estaban fundadas en la superstición. Por ejemplo, estaba muy extendida la creencia de que la mordedura de un saltamontes podía eliminar las verrugas y las cucarachas, los grillos o las tijeretas, aplastados de varias maneras, quemados o hervidos y adecuadamente aplicados, podían curar el dolor de oídos, la úlcera y el cansancio.

Sin embargo, y a pesar de lo dicho, hay ciertos insectos que tienen verdadero valor medicinal, como, por ejemplo, las larvas de algunas moscas, las abejas y algunos coleópteros.

En general, los insectos eran, y son, recetados para el tratamiento de afecciones respiratorias, renales, hepáticas, estomacales, intestinales, parasitarias, etcétera. La razón es que son animales muy prolíficos en lo que se refiere a la síntesis de compuestos químicos, que obtienen de las plantas o de las presas y que posteriormente son transformados para su propio uso.

La insospechada utilidad de las moscas en la guerra

En la Primera Guerra Mundial el doctor Baer descubrió que las heridas de los soldados que habían permanecido tirados en el campo de batalla durante horas no desarrollaban infecciones como la osteomielitis, al contrario de lo que sí les sucedía a aquellos que habían sido tratados y vendados inmediatamente después de haber sido heridos. Observó que la diferencia se debía a que las heridas más antiguas siempre estaban infestadas de larvas de ciertas moscas, y estas podrían estar limpiando las infecciones en las heridas más profundas mucho mejor que cualquier otro tratamiento conocido, ya fuese quirúrgico o medicinal.

A partir de entonces, el tratamiento con larvas cultivadas de forma estéril y controlada se convirtió en otra manera de curar heridas crónicas como las úlceras. Sin embargo, la aparición de los antibióticos en la década de 1940 marcó el final de este método, aunque en los últimos diez años esta terapia ha vuelto a ponerse en práctica en varios países, entre ellos en la República Checa, y se utiliza cuando el tejido se necrosa de forma masiva o cuando no se pueden aplicar métodos químicos o quirúrgicos.

Las larvas en cuestión son las de la conocida mosca verde (*Lucilia sericata*). Colocadas en una red de nailon sobre la herida, ingieren la carne infectada acabando con las bacterias y produciendo sustancias curativas como la urea o la alantoína, que estimulan el crecimiento de tejido sano. En el hospital de Hořovice, en Bohemia Central, esta técnica se ha convertido en la última opción para muchos enfermos de úlcera varicosa o del mal conocido como pie diabético. Según los expertos, las larvas limpian una herida dieciocho veces más rápido que los tratamientos comunes.[209, 210]

El poder curativo de la miel

El hombre comenzó a controlar y manipular enjambres en el Neolítico y fue en el Antiguo Egipto cuando se consolidó la apicultura, una ciencia que no ha dejado de evolucionar y que hoy ofrece nuevos usos en campos como la medicina o la selección genética.

Si bien la miel fue en un primer momento la mejor y única manera de endulzar alimentos, pronto se descubrió su potencial curativo y paliativo de enfermedades, hasta el punto de que en farmacología se tenía tal confianza en la medicación realizada con miel que se atribuía al sol el mérito de haberla inventado.

En la actualidad, la miel se utiliza sola o mezclada con otras sustancias medicinales y sirve para curar heridas, envenenamientos o afecciones del pecho, la nariz, los ojos y las orejas.

Por otra parte, es bien conocido que las propiedades nutricionales de todos los productos que se extraen de una colmena (polen, jalea real o propóleo) han sido avaladas por rigurosos estudios clínicos, y no debemos olvidar que la naturaleza ha dotado a las abejas de una potente arma defensiva, el aguijón, a través del cual inyectan veneno a todo aquel intruso que pretenda hacerles daño o robar en su despensa.[211]

Para muchos pequeños animales, este veneno es mortal, incluso para las mismas abejas, ya que para ellas «intruso» es todo aquel que no pertenece a su colmena. Sin embargo, para otros animales mayores, como el ser humano, en cuanto a toxicidad, una picadura es intrascendente en la mayoría de los casos, pero el aumento de dosis (muchas picaduras) puede ser mortal si no se facilita al afectado el tratamiento adecuado.

Una picadura de abeja es una experiencia desagradable que, sin duda, todos tratamos de evitar, pero se da el hecho de que hoy día un número creciente de personas optan por ser picados como un tratamiento de su enfermedad, y no es un método novedoso, pues ya se practicaba en la Antigüedad: Carlomagno e Iván el Terrible fueron curados de gota con picaduras de abejas, y su éxito contra dolores reumáticos y otras dolencias era conocido hace miles de años en China, Egipto, Persia y Roma.

Actualmente, entre el 15 y el 25 % de la población presenta sensibilización al veneno de abejas, un porcentaje que se incrementa en el caso de los apicultores, al estar especialmente expuestos, hasta el 36 %. Pues bien, estos últimos acostumbran a utilizar un método preventivo que consiste en inocularse pequeñas cantidades de veneno a modo de vacuna y así crear anticuerpos.

Desde el punto de vista terapéutico, el veneno de abeja tiene las siguientes propiedades: es antiinflamatorio, analgésico, inmunomoderador, normalizador de la presión arterial y vasoactivador. La terapia con veneno de abeja se utiliza como un remedio potencial alternativo para la esclerosis lateral amiotrófica (ELA) y para multitud de dolencias homeopáticas, artritis reumatoide, la esclerosis múltiple (EM), la disolución de tejido cicatrizal como queloides, el herpes zóster, la reducción de la reacción a las picaduras de abeja en personas que son alérgicas, la inflamación de los tendones (tendinitis) y las afecciones musculares como la fibromialgia. Igualmente, el veneno de abeja se utiliza en cremas y ungüentos para distintas aplicaciones, como calmante del dolor, regenerador del cutis, etcétera, y también hay inyecciones de veneno puro o diluido que en España solo se venden con receta médica.

Además de lo dicho, hay razonables posibilidades de que el veneno se utilice en algunos tipos de cáncer, VIH, ELA y enfermedades autoinmunes. Países como Rumanía, Cuba, Argentina y Chile, entre otros, tienen en marcha programas de investigación y aplicación de estas terapias.

¿Conoces algún fármaco con tantas propiedades?

Por último, la terapia con veneno de abeja está contraindicada en casos de miocarditis, pericarditis, angina de pecho, arteriosclerosis, diabetes dependiente, insuficiencia renal y, por supuesto, si el paciente es alérgico.

Las hormigas como cura

Durante siglos, las hormigas medicinales han sido utilizadas en China para tratar la artritis reumatoide y la hepatitis y pueden ser ingeridas en extracto, infusiones o vino cuando se usan con fines medicinales o como alimento. Los investigadores sospechan que contienen sustancias antiinflamatorias y analgésicas, lo que las hace beneficiosas para la salud. No obstante, las causas respecto al cómo y el porqué las hormigas medicinales son beneficiosas son, en gran parte, desconocidas.

Conocida en la medicina china tradicional como Xuan-Ju (joven caballo negro), la hormiga montaña negra o tejedora, *Polyrhachis vicina*, era en 2011 la única especie de hormigas aprobada por el Departamento de Higiene Alimentaria y Control de Medicamentos de China para utilizar como alimento y medicina y, sin embargo, tiene una historia de tres mil años en la medicina tradicional. Son usadas normalmente en los hospitales de China para tratar la artritis reumatoide y la osteoartritis, así como también las hepatitis crónicas. Por otra parte, ingerir hormigas medicinales enteras o en forma de extracto puede ayudar a regular el sistema inmune, aumentar la longevidad y regular la función sexual.

En un estudio publicado en el año 2005 en el *Boletín Biológico y Farmacéutico*, los investigadores de la Universidad Farmacéutica de China demostraron que los extractos etanólicos de las hormigas chinas (*Polyrhachis lamellidens*) producían efectos analgésicos y antiinflamatorios. En 2009 los investigadores de la Universidad de Iwate publicaron en la *Revista de Medicina Tradicional* que otro tipo de hormigas, las hormigas rojas chinas (*Formica aquilonia*), pueden tener también efectos antioxidantes y contra el cáncer, tal como han evaluado diversos estudios de laboratorio. Los científicos reivindican que el valor terapéutico de las hormigas puede deberse a su alto contenido en manganeso, zinc, selenio, proteínas, carotenoides y vitamina E.[212]

Una última curiosidad médica sobre las hormigas: en la actualidad se utilizan grapas cutáneas e incluso grapas para ligar los vasos sanguíneos, pero hace tres mil años ¿cómo se las ingeniaban para coser las heridas?

Pues bien, se sabe que en el año 1000 a. C. los hindúes preconizaban una curiosa forma de suturarlas: hacían coincidir los labios de la herida para hacerlos morder por hormigas gigantes de los géneros *Atta* o *Camponotus* o por escarabajos. De esta forma, con sus mandíbulas cerrando la herida, cortaban sus cuerpos rápidamente y los desechaban, de manera que la cabeza quedaba unida a los bordes de la herida a modo de sutura quirúrgica, lo que resultaba un método eficaz de coserlas. Incluso se utilizaba en heridas intraabdominales y se sabe que, además de en la India, también fue utilizado en zonas de África y Sudamérica.[213]

Una pequeña mosca verde de gran utilidad

La cantárida (*Lytta vesicatoria*), conocida antiguamente como la «mosca española», es un coleóptero de color verde metálico con reflejos cobrizos al que le gusta posarse sobre flores de escobas y piornos (*Cytisus* spp.). Conocido en todo el mundo por su uso en la medicina popular, este bello insecto ya atrajo la atención de personajes como Plinio e Hipócrates y también aparece en la literatura en obras de autores como Gabriel García Márquez o el británico Roald Dahl.

Al igual que otros escarabajos de la familia *Meloidae*, las cantáridas son capaces de sintetizar cantaridina, una sustancia a la que se atribuyen propiedades medicinales y afrodisíacas, pero que puede llegar a ser muy tóxica. De hecho, se la conoce como la «viagra medieval», y es que los antiguos griegos ya utilizaban estos insectos por sus propiedades vesicantes: los médicos recurrían a ellos cuando querían extraer los humores de los enfermos, ya que, al reventar las ampollas que se formaban en la piel, los fluidos supuraban. Las cantáridas se capturaban, se secaban y se trituraban hasta obtener con ellas un polvo iridiscente de olor desagradable. Este polvo se usaba como medicamento tópico para tratar enfermedades de la piel y se pensaba que podía curar las verrugas, el herpes o la lepra. También se consumía por vía oral para tratar enfermedades urogenitales, ya que por su efecto en la dilatación de los vasos sanguíneos de los genitales era una sustancia muy cotizada, como se acaba de apuntar, que se utilizaba como afrodisíaco desde tiempos de Hipócrates.[214]

Pero la utilización de la cantaridina no estaba exenta de problemas debido a su elevada y ya citada toxicidad. Hay que tener en cuenta que la dosis letal para la mitad de la población es de 0,5 mg/kg, y dosis orales de cantaridina de menos de 65 mg han resultado letales. Lo cierto es que su ingestión, aunque no llegue a provocar la muerte, tiene muchos efectos secundarios sobre el aparato urinario y puede ocasionar serios problemas renales, como la hidropesía que ocasionó la muerte a Fernando el Católico en 1516. La leyenda dice que en su afán de dar descendencia a su joven esposa Germana de Foix tomó vigorizantes, que le ocasionaron la fatal enfermedad.

Un coleóptero milagroso

Dentro de la medicina tradicional, sobre todo de países sudamericanos, se ha documentado la ingesta de coleópteros con fines terapéuticos, práctica conocida como coleopteroterapia. Desde hace muchos años, la especie *Ulomoides dermestoides*, conocida comúnmente como gorgojo argentino, ha sido un ejemplo importante de esta antigua práctica.

En la cultura japonesa y china ha sido ampliamente usado para el tratamiento de lumbalgia, tos y trastornos respiratorios como el asma,[215] pero este coleóptero ha sido utilizado también como un remedio casero para el tratamiento coadyuvante de diversas patologías que han afectado últimamente a gran parte de la población humana, como es el caso de la diabetes, el párkinson, la artritis, el asma y algunos tipos de cáncer.[216]

Y, una vez más, volvemos a las avispas

Por último, en este somero catálogo medicinal no podemos olvidarnos de las avispas, cuyas agallas contienen productos muy valiosos que se han usado en una gran variedad de formas, como es el caso de la agalla de Alepo (producida por la avispa *Cynips tinctoria* en *Quercus infectoria*), que se ha usado desde el siglo v a. C., si bien también se le han atribuido muchas supersticiones.[217]

En todo caso, las propiedades medicinales de algunas contra la diarrea, la disentería, la gonorrea y la leucorrea están demostradas.

Además, son antisépticas, por lo que se emplean para heridas, quemaduras, úlceras, hemorroides, sabañones, inflamaciones de las encías e inflamaciones en la piel o las tonsilas.

¿**Sabías que** en la medicina popular española se utilizaba la mosca común en el tratamiento de diferentes problemas oftalmológicos, en especial en los orzuelos?[218]

27. Biomímesis o cuando la inspiración viene de la naturaleza

«Desde el momento en que realizan el cortejo los animales piensan sobre algo muy importante, que es lograr que su material genético perdure en diez mil generaciones futuras, y ello implica encontrar el modo de vivir sin destruir el lugar que cuidará de su descendencia. Ese es el mejor reto del diseño.»

JANINE BENYUS[219]

La escritora y científica estadounidense Janine Benyus,[220] en su ya clásico *Biomímesis: cómo la ciencia innova inspirándose en la naturaleza*, acuñó el término que combina las palabras griegas «bío», para significar vida, y «mímesis» para imitar. Es la mirada compartida por E. O. Wilson y Antonio Gaudí, entre otros muchos. Ellos tienen la certeza, nacida del conocimiento, de que los mejores y más ecológicos diseños están al alcance del ser humano. Es decir, para desarrollar cualquier tecnología hay que preguntarse: «¿Cómo lo habría resuelto la naturaleza?». A pesar de que observar la naturaleza para resolver problemas ha sido algo inherente al ser humano, parece que lo hayamos olvidado en algún punto de nuestra evolución.

¿Qué pasaría si pudiéramos darle un giro a nuestra relación con la naturaleza a la altura del siglo XXI?

La naturaleza lleva más de tres mil ochocientos millones de años de experiencia creando formas de vida que se adaptan a todos los ambientes, así que «pregúntale al planeta» si quieres una solución eficiente. En vez de utilizar la ciencia para explotar la naturaleza a favor de nuestro beneficio material, ¿por qué no destinar el rigor de la investigación científica para emular los comportamientos de la naturaleza que nos ayuden a resolver algunos de nuestros problemas? ¿Cómo lograr que un puente tenga la máxima resistencia? ¿De qué manera se pueden evitar los ruidos en los trenes de alta velocidad? ¿Hay una forma de crear un superpegamento que no sea tóxico?

Te invito a que busques en las noticias de los periódicos o en los anuncios de la televisión algunos ejemplos de biomímesis. Por ejemplo, si te gusta o practicas la natación, habrás observado los trajes de baño que utilizan los nadadores de alta competición; ¿sabías que están inspirados en la piel de tiburón? ¿Conduces un automóvil que evita los choques? ¿Te has preguntado cómo es posible? Científicos e inventores se dijeron: ¿cómo hace eso la naturaleza? Y encontraron la respuesta en lo que ocurre con un cardumen de peces. La visión, es cierto, desempeña un papel fundamental en la capacidad de un pez para nadar en bancos, pero muchas especies de peces tienen recursos extra: franjas laterales que se extienden a lo largo de su cuerpo y contienen células ciliadas similares a las del oído humano. Estas células les facilitan percibir cambios en las corrientes de agua y les ayudan a detectar el movimiento de los peces cercanos cuando la visibilidad es limitada y a mantener una distancia segura entre ellos cuando cambian de velocidad y dirección. Finalmente, y por supuesto, está el famoso ejemplo del velcro, inspirado en los abrojos, esos frutos con pequeños ganchos que, por lo general, encontramos prendidos en nuestra ropa tras haber caminado por los bosques.[221]

Existen, en definitiva, infinidad de ejemplos de aplicaciones de la biomimética en un gran número de sectores. La construcción es tal vez la disciplina que más recurre a ellos, ya que los principios se pueden aplicar tanto a materiales como a elementos y sistemas. Y, aunque nos encontramos en un momento de «emergencia» de la arquitectura biomimética debido a la cada vez mayor implicación del medioambiente y la sostenibilidad, esta no es algo nuevo: Antonio Gaudí ya visionó esta revolución formal usando todo tipo de curvas y superficies geométricas y asumiendo una de las máximas en la naturaleza: «El material es más caro que la forma».

En las líneas que siguen veremos unas pocas obras maestras de la naturaleza (naturalmente, de insectos) y cómo la especie humana emula estos diseños para resolver nuestros problemas.

Aprendiendo de las termitas

Una serie de cámaras y galerías mantienen una temperatura constante en el interior, aunque las condiciones exteriores cambien. Por ejemplo, en Zimbabue la temperatura exterior puede llegar a más de 38 °C durante el día y bajar hasta los 2 °C por la noche y, sin embargo, el interior del termitero se mantiene a 31 °C. ¿Por qué motivo?

En la zona inferior del termitero hay agujeros de ventilación situados estratégicamente que permiten la entrada de aire fresco, mientras que el aire caliente y viciado es expulsado por la parte de arriba. Desde una cámara subterránea entra aire más frío que circula a través de los túneles y las celdas y las termitas abren y cierran los agujeros para regular la temperatura según sea necesario. Para ellas es fundamental que la temperatura siempre sea la misma, pues eso les permite cultivar el hongo que constituye su alimento principal.

El proyecto Termes,[222] una iniciativa de la Universidad de Loughborough (Inglaterra), se desarrolló con el objetivo de entender las complejas estructuras de los termiteros. Mediante el escaneo de uno de ellos se obtuvo una imagen tridimensional de su estructura, con lo que se revelaron así métodos de construcción susceptibles de ser replicados en el diseño de edificios para las personas.

Existen varias construcciones biomiméticas en distintos lugares del mundo. En el caso de la aplicación de técnicas utilizadas por las termitas podemos citar el Eastgate Centre, un centro comercial y complejo de oficinas ubicado en Harare, la capital de Zimbabue, que es el primer edificio en el mundo en utilizar refrigeración natural con este nivel de sofisticación.

En los primeros cinco años de existencia, los propietarios ahorraron alrededor de tres millones y medio de dólares en gasto energético gracias a su diseño exclusivo, y esto es así porque la ventilación del inmueble cuesta una décima parte de la ventilación de un edificio convencional equipado con aire acondicionado.

El aumento de la cantidad de luz de un led y las luciérnagas

Los ledes presentan un gran número de ventajas con respecto a los métodos tradicionales basados en fuentes de luz incandescentes y fluorescentes, con bajo consumo de energía, tiempo de vida más largo, reducción de las emisiones de calor y la ausencia de mercurio, que resulta muy perjudicial para el medioambiente y la salud humana. Sin embargo, el mayor obstáculo que nos encontrábamos en la iluminación con este tipo de dispositivos era la intensidad de la luz que producían, pues eran menos brillantes que otros métodos tradicionales. Para terminar de perfeccionar este aspecto, un grupo de investigadores del Instituto Avanzado de Ciencia y Tecnología de Corea ha diseñado un método para aumentar el brillo basado en las técnicas usadas por las mayores profesionales del gremio: las luciérnagas.[223]

Para diseñar estos ledes los investigadores observaron el modo en que las luciérnagas consiguen su brillo característico: se sabe que su bioluminiscencia se debe a la reacción de oxidación de una sustancia llamada luciferina (tal como hemos visto en el capítulo dedicado a ellas), pero hasta ahora no se había estudiado cómo optimizaban la cantidad de luz emitida. La «linterna» de estos insectos consta de una superficie fina cubierta de unas estructuras similares a baldosas diminutas que reduce la diferencia entre el índice de refracción del cuerpo y el aire circundante, de modo que se consigue un aumento de la emisión de luz.

¿En qué consisten estos ledes inspirados en luciérnagas? Una vez comprobado el «mecanismo» de estos insectos, decidieron reproducirlos sobre la superficie de un led. Para ello fabricaron baldosas a nanoescala utilizando como materia prima una resina polimérica y las colocaron sobre la superficie de emisión de luz del led. De este modo consiguieron una luz de color verde que, con un suministro igual de potencia, conseguía un 60 % más de brillo que los dispositivos convencionales.

Botellas de agua de rocío y escarabajos de Namibia

La disponibilidad de agua en las zonas más pobres del planeta podría dejar de ser un problema si un proyecto desarrollado por Shreerang Chhatre, un científico del Instituto Tecnológico de Massachusetts (MIT), logra difundirse de modo masivo. Se trata de una tecnología de captación de agua de niebla y de rocío que toma como inspiración el comportamiento del escarabajo de Namibia, que sobrevive en el desierto recolectando agua de estas fuentes.

Para sobrevivir en adversas condiciones ambientales, el escarabajo *Stenocara gracilipes* recoge las gotas de agua de la niebla y el rocío matinal sobre su lomo, repleto de baches y ondulaciones. Posteriormente, provoca que el agua se deslice hacia abajo y llegue hasta su boca, obteniendo de esa forma el líquido necesario para su subsistencia.

Este inteligente mecanismo natural es el que quiere aprovechar Chhatre para desarrollar un proceso de captación de agua de niebla y rocío que permita a las poblaciones más desfavorecidas del planeta acceder con mayor facilidad a esta sustancia básica. El dispositivo de recolección de agua que emplean él y su equipo se compone de una malla permeable en la cual se deposita el líquido, que posteriormente llega por goteo a los recipientes vinculados.[224]

Las alas de los insectos inspiran turbinas eólicas más eficientes

Según publica la revista *Science*, investigadores de la Sorbona lograron que los aerogeneradores aumenten su eficiencia en un 35 % mediante el uso de aspas que imitan las cualidades inherentes a las alas de pequeños insectos voladores.

Las turbinas eólicas producen hoy el 4 % de la electricidad a escala mundial, pero el aporte podría ser mayor con el uso de paletas inspiradas en alas de insectos. El director de la investigación, Coghet, explicó que la eficiencia de una turbina eólica no se logra haciendo girar los rotores lo más rápido posible, pues con ello aumentaría el riesgo de roturas y la pérdida de eficiencia, ya que a velocidades más altas el mecanismo actúa como una pared, impidiendo el flujo del viento más allá de las aspas. La cantidad óptima de energía puede lograrse en las tasas intermedias de rotación; además, para que las turbinas puedan funcionar de manera eficaz, el viento debe golpear sus paletas en el «ángulo de inclinación» justo, precisó el físico.[225]

Como los insectos tienen alas flexibles pueden dirigir la carga aerodinámica en la dirección de su vuelo, aumentando su potencia, y es esa cualidad para doblarse con el viento de manera natural lo que ayuda a minimizar la resistencia para evitar daños. A partir de estas observaciones, han sido construidos prototipos de aerogeneradores a pequeña escala con tres estilos de paletas diferentes: completamente rígidas, moderadamente flexibles y muy flexibles. Las flexibles estaban hechas con un material llamado tereftalato de polietileno (PET), mientras que la versión rígida se elaboró a base de resina sintética rígida.[226]

En pruebas de túnel de viento, las aspas más flexibles resultaron demasiado flácidas y no produjeron tanta energía como las rígidas, pero las moderadamente flexibles, como las alas de los insectos, ofrecieron un excelente rendimiento. Estas últimas superaron a las rígidas, aportando hasta un 35 % más de potencia, y permitieron que las aspas funcionaran eficientemente en una gama más amplia de condiciones de viento.[227]

La inspiración para el helicóptero: la libélula

Difícilmente se podrá encontrar una nave que pueda superar el vuelo de una libélula, por este motivo, Sikorsky, empresa líder dedicada a la fabricación de helicópteros, tomó a estos insectos como modelo para fabricar un prototipo de transporte militar de artillería y de rescate y, junto con la compañía IBM, introdujo un modelo de computadora para imitar las maniobras de vuelo de la libélula, además de reproducir su forma corporal.

Por su parte, el fabricante de impresoras Epson presentó recientemente un helicóptero diminuto teledirigido, considerado como el más ligero y pequeño del mundo, al que han bautizado como Micro Flying Robot, muy similar en su diseño al de una libélula. Su utilización sirve para tomar fotografías desde el aire en catástrofes o desastres naturales y para moverse sobre lugares de difícil acceso. Este aparato pesa solamente diez gramos y mide setenta milímetros, pero por ahora tiene que recibir recargas de combustible con un cable de un metro y medio unido a un generador eléctrico.[228]

La picadura de mosquito

Los ingenieros S. Chakraborty y K. Tsuchiya estudiaron la forma en la que un mosquito hembra succiona sangre humana para crear unas jeringuillas capaces de penetrar en la piel sin causar dolor. El proceso de investigación se ha basado en imitar el movimiento de los músculos de la probóscide, el cual hace posible que se succione flujo sanguíneo gracias a la presión negativa en la piel. Las jeringuillas diseñadas por estos científicos tienen el mismo funcionamiento, además de un diámetro muy aproximado al de la trompa del mosquito (60 μm).

Las mariposas mejoran la tecnología de los paneles solares

Un estudio publicado en *Science Advances*[229] indica que la estructura de las alas de una mariposa puede ser utilizada para crear células solares más eficientes. Los autores estudiaron la estructura de las alas de la mariposa rosa para fabricar paneles más delgados y eficientes. Según la publicación, esta nueva célula podría aprovechar dos veces más la luz solar. El sistema que permite recabar la mayor cantidad de calor posible reside en las minúsculas escamas de las alas, las cuales están repartidas en agujeros espaciados con una dimensión de menos de una millonésima de metro de ancho, lo que ayuda a dispersar la luz y absorber más calor.

Los investigadores también crearon versiones artificiales de las proteínas que utilizan las mariposas para crear sus nanoestructuras. La producción de estas versiones, aplicadas en las células solares, es mucho más barata que los otros materiales utilizados para la fabricación de los paneles solares tradicionales.

Enjambres inteligentes

De un tiempo a esta parte la ciencia se esfuerza por descubrir nuevos modos de aplicar esta forma de inteligencia a diversas tareas. En el proceder de las hormigas durante el forrajeo se inspira un nuevo método para redirigir el tráfico en las redes de telecomunicaciones.

En ciertas especies, cuando un individuo no es capaz de transportar una presa grande (por ejemplo, una hoja), se reclutan compañeras del nido. Durante un período inicial que puede llegar a durar unos minutos las hormigas van cambiando su posición y distribución en torno al objeto hasta que consiguen acarrear la pieza. Este trabajo cooperativo ha inspirado los programas de robots.

De igual manera, el modo en que los insectos apiñan a los cadáveres para limpiar los nidos y la forma en que clasifican las larvas ha conducido a un programa de ordenador para el análisis de datos bancarios.

Las abejas, por su parte, realizan tareas dependientes de las necesidades de la colmena. Se espera que el estudio de la forma en que estas tareas son asignadas permita desarrollar métodos más eficaces para programar los equipos de una factoría automatizada. Bonabeau y Theraulaz[230] explicitan esto último con un ejemplo basado en el comportamiento de las abejas.

En las colmenas, las abejas se especializan en ciertas tareas según la edad. Las mayores exploran fuentes de alimento, pero cuando este escasea también las jóvenes serán forrajeras. Con tal sistema biológico como modelo, los autores propusieron una técnica de planificación en una fábrica de pintura de camiones. En la factoría, las cámaras de pintura recibirán a los camiones, cada cámara será como una abeja artificial especializada en un color y realizará tales tareas a menos que apremie la exigencia de cumplir otra función. De esta manera, la cámara de pintura roja seguirá encargada de ese color a menos que un trabajo urgente exija pintar un camión de blanco y las demás cámaras, y en particular las de blanco, tengan largas colas de espera. Gracias a este método se respondería a la variación de la demanda y el sistema se recuperaría en caso de avería de alguna cámara.

¿**Sabías que** unos científicos están copiando una técnica utilizada por la langosta para obtener una mejor visión de rayos X?

Epílogo

Se cuenta que a John Burdon Sanderson Haldane (1892-1964), un brillante genetista y biólogo evolutivo británico, estando una vez con un grupo de teólogos, le preguntaron si había algo que se pudiera concluir sobre la naturaleza del Creador a partir del estudio de la creación. Su respuesta fue: «Si uno pudiera concluir acerca de la naturaleza del Creador a partir de un estudio de la creación, parecería que Dios tiene una afición desmedida por las estrellas y los escarabajos».

Por distintos motivos, los dos grupos de organismos más poderosos del planeta son los hombres y los artrópodos. Los segundos aparecieron hace unos cuatrocientos cincuenta millones de años antes que nosotros, forman la mayor colección de formas vivientes que han vivido –y viven– sobre el planeta a lo largo de toda su historia, mientras que la especie humana apareció hace solo unos dos millones de años. Es decir, a escala geológica, única medida temporal del planeta, nuestra especie es, esencialmente, insignificante.

Por otra parte, un cálculo prudente indica que existen sobre la Tierra unos doce millones de especies de artrópodos y, sin embargo, parece que los dominantes somos nosotros. Pero hay otra cuestión más importante que el número, se trata de la importancia relativa que desempeña cada grupo en la biosfera. O, en otros términos: ¿sería el planeta igual sin los artrópodos? ¿Lo sería sin los humanos? No hay forma de responder con seguridad a la primera pregunta, pero todo hace pensar que no. La segunda es más fácil: sin duda alguna. De hecho, durante el Terciario (hace sesenta y cinco millones de años), el planeta ya era básicamente como es en la actualidad y no estábamos nosotros.

Los insectos se han convertido en «los señores del mundo»: omnipresentes y adaptados a todos los medios, constituyen, además, el motor de todos los ecosistemas de plantas con flores, las cuales nos suministran el noventa por ciento de nuestra alimentación.[231]

Los autores clásicos separaron a estos organismos en «nocivos», «útiles» e «inútiles». Es decir, los ordenaron basándose en el beneficio o perjuicio directo o indirecto que producen en el *statu quo* de la especie humana. Y esta es, sin lugar a dudas, la clasificación que utiliza actualmente la sociedad en materia entomológica, a pesar de que los entomólogos nos esforzamos en transmitir la enorme diversidad y beneficios que pueden presentar los insectos, seguramente porque somos conscientes de que gozan de una indiferencia secular y una antipatía planetaria.

La mayor parte de la población considera a los insectos inútiles, insignificantes, molestos y claramente antagónicos a nuestro bienestar. Desde siempre los humanos hemos querido acabar con los insectos, bien fuera eliminándolos por completo o bien, en el mejor de los casos, manteniéndolos a raya. Hemos establecido una relación esquizofrénica con ellos que va desde su mitificación como criaturas sagradas y la seducción por la belleza de sus formas y coloridos hasta desarrollar el más mortal de los odios: los insecticidas. Es cierto que algunas especies transmiten enfermedades peligrosas y otras dañan nuestros cultivos, pero también lo es que nos proporcionan importantes beneficios, por lo que se hace necesario el mantenimiento de su diversidad para nuestra supervivencia futura.[232]

Sin embargo, la deforestación masiva y rápida, la agricultura, la contaminación del agua, del suelo, del aire, la superpoblación y las especies invasoras están afectando a la biodiversidad de insectos en todos los continentes. La rápida destrucción de los últimos bosques vírgenes tropicales tiene aún consecuencias más dramáticas. Las plantas y los insectos de los cuales dependen desaparecen más deprisa de lo que se tarda en recolectarlos y describirlos. Sabemos que, desde el Cretácico superior, casi todas las plantas con flores –nuestra principal fuente de nutrición– son polinizadas por los insectos.

La supervivencia del hombre sigue dependiendo de la biosfera. De ella obtiene alimentos y recursos directos, pero también una serie de servicios ecológicos sin los cuales estaría irremediablemente condenado a la extinción o, lo que es lo mismo, la suerte de la especie humana está relacionada con el correcto funcionamiento de la biocenosis (organismos de todas las especies que conviven en un biotopo). El principal valor de los insectos radica en su participación en la ejecución de las funciones ecológicas desarrolladas por los ecosistemas.

Este grupo de animales presenta una alta diversidad de hábitos tróficos y pueden ser fitófagos, saprófagos, descomponedores, depredadores o parasitoides, lo que les hace ser los principales responsables del reciclaje de más del veinte por ciento de la biomasa vegetal terrestre.

Constituyen también, como ya se ha dicho, el motor de todos los ecosistemas de plantas con flores, las cuales nos suministran el noventa por ciento de nuestra alimentación. Sin esta función, la especie humana estaría obligada a alimentarse de la caza, la recolección de frutos silvestres y una ganadería reducida. Es decir, jamás habríamos alcanzado una población actual de siete mil setecientos millones de habitantes, pues no habría alimentos para tal número de personas.

El hombre ha aprendido a obtener otro tipo de bienes y servicios de los insectos. En algunos casos utiliza determinadas habilidades que estos presentan para elaborar productos muy apreciados (por ejemplo, miel, seda, etcétera); en otros, sencillamente, utiliza a los propios artrópodos como recurso directo (la fabricación de medicamentos); por último, hace uso de sus características ecológicas, utilizándolas como indicadores biológicos (contaminación, cambio climático, etcétera).

La relación de los insectos con el hombre es tan antigua como la historia de estos últimos en nuestro planeta. Con mayor o menor intensidad, los artrópodos pueden encontrarse en diferentes manifestaciones artísticas, religiosas y decorativas del hombre, que, además de soportar, padecer y utilizarlos, los estudia, convirtiéndolos en objeto científico.

Pese a ello, no los estudiamos (ni conocemos) lo suficiente, no nos preocupamos de su conservación ni parece importarnos su pérdida de biodiversidad.

Vivimos una época crítica, pero afortunada, pues aún estamos a tiempo de conocer, de entender, de asombrarnos, de conservar y de proteger.

Y si en algún momento de la vida alguien me preguntara: «¿Podrías decirnos dónde estamos?», le respondería que estamos en un mundo que compartimos con unos seres maravillosos e increíbles llamados **insectos**.

Agradecimientos

Estoy a punto de finiquitar la última página de este libro, de unos meses en los que he podido disfrutar de una experiencia desconocida para mí, de divertirme escribiendo sobre estos bichos y de la posibilidad de compartir algunas de las maravillas de estos «pequeños grandes seres».

Aún no sé la razón, ni estoy seguro de querer conocerla, por la que un día Miguel Salazar me propuso y convenció (ambos hemos de reconocer que lo tuvo fácil) para iniciar esta pequeña aventura. En cualquier caso, siempre le estaré agradecido por ello.

Mi reconocimiento a los amigos, colegas y profesores con los que pude, y puedo, conversar, aprender y maravillarme con las «cosas» que hacen estos animales. María Dolores García, José Manuel Pereira, José María Hernández y Alberto Tinaut; todos ellos, de una u otra forma, me han proporcionado valiosa información y sugerencias para algunos de los capítulos. Javier Amigo e Inmaculada Romero me han hecho algunas interesantes observaciones botánicas y han reparado algunas incoherencias en el manuscrito. Fernando Cobo, Adolfo Cordero, José González Granados, Antonio Ricarte, Francisco Rodríguez Luque, Alberto Tinaut y José Luis Viejo Montesinos me han cedido la mayoría de las imágenes. Fernando Cobo ha leído el manuscrito y, además de algunas sugerencias y correcciones, me ha hecho el honor de prologar este libro. Los primeros y últimos toques al manuscrito se los dio Ángeles Romero, que, además de las valiosas opiniones, correcciones y observaciones sobre diferentes capítulos, hizo que estas páginas fuesen legibles. En compensación, espero que hayas cambiado de opinión sobre los insectos o, al menos, ya no los mires como a unos bichos que pican y a los que hay que aniquilar a toda costa.

Y tampoco quiero olvidarme de los estudiantes que llegaron hasta mis clases y me permitieron ejercer esta hermosa profesión.

Notas

1. Wilson, E. O., y B. Hölldobler (1994), *Journey to the Ants: A Story of Scientific Exploration*, Cambridge (Massachusetts): Harvard University Press.
2. Rojo, R. (2011), «Un mundo sin insectos». Disponible en Internet en: <https://archivos.juridicas.unam.mx/www/bjv/libros/7/3219/15.pdf> (con acceso en diciembre de 2017).
3. Valenzuela, A. (2016), «Así sería un mundo sin mosquitos», *El Mundo*. Disponible en Internet en: <http://www.elmundo.es/papel/todologia/2016/03/14/56e693a8ca474137788b45ea.html> (con acceso en diciembre de 2017).
4. *Ibid.*
5. Judson, O. (2003), «A Bug's Death», *The New York Times*. Disponible en Internet en: <https://www.nytimes.com/2003/09/25/opinion/a-bug-s-death.html>.
6. Arita, H. T. (2016), *Crónicas de la extinción. La vida y la muerte de las especies animales*, México: Fondo de Cultura Económica.
7. Nel, A. (2003), «Los insectos: un éxito de la evolución», *Investigación y Ciencia*, n.º 317, pp. 8-16.
8. Briggs, D. E. G. (1985), «Los primeros artrópodos», *Mundo Científico*, n.º 47, pp. 476-488.
9. Wigglesworth, V. B. (1973), «Evolution of Insect Wings and Flight», *Nature*, n.º 246, pp. 127-129.
10. Clapham, M. E., y J. A. Karr. (2012), «Reply to Dorrington: oxygen concentration and predator escape abilities are important controls on insect size», *Proceedings of the National Academy of Sciences*, vol. 109, n.º 50. DOI: 10.073/pnas.1215989109.
11. Wilson, E. O. (1988), «La biodiversidad amenazada», *Investigación y Ciencia*, n.º 158, pp. 64-71.
12. *Ibid.*
13. Petersen, R.; N. Sizer, M. Hansen, P. Potapov y D. Thau (2015), «Datos satelitales recientes resaltan 5 áreas sorprendentes de pérdida de cobertura arbórea», World Resources Institute. Disponible en Internet en: <http://www.wri.org/blog/2015/09/datos-satelitales-recientes-resaltan-

5-%C3%A1reas-soprendentes-de-p%C3%A9rdida-de-cobertura> (con acceso en diciembre de 2017).
14. FAO (2015), *Evaluación de los recursos forestales mundiales 2015. Compendio de datos*, Roma: FAO. Disponible en Internet en: <http://www.fao.org/3/a-i4808s.pdf> (con acceso en diciembre de 2017).
15. Delibes, M. (2004), «La acción humana y la crisis de biodiversidad», en: M. Gomendio Kindelán (comp.), *Los retos medioambientales del siglo XXI: La problemática de la conservación de la biodiversidad en España*, Bilbao: Fundación BBVA, p. 346.
16. Wilson, E. O. (1985), «The biological diversity crisis: a challenge to science», *Issues in Science and Technology*, vol. 2, n.º 1, pp. 20-29.
17. Ehrlich, P. R. (1991), «Population diversity and the future of ecosystems», *Science*, vol. 254, n.º 5.029, p. 175.
18. May, R. M. (1992), «Número de especies que habitan en la Tierra», *Investigación y Ciencia*, n.º 195, pp. 4-11.
19. Wilson, E. O. (2010), *The Diversity Of Life*, Cambridge (Massachusetts): Belknap Press. [Hay trad. en cast.: *La diversidad de la vida*, Barcelona: Crítica, 2001.]
20. Williams, C. B. (1964), *Patterns in the Balance of Nature and related problems in quantitative ecology*, Londres y Nueva York: Academic Press.
21. Erwin, T. L. (1982), «Tropical forest: their richness in Coleoptera and other Arthropod species», *The Coleopterists Bulletin*, vol. 36, n.º 1, pp. 74-75.
22. May, R. M., *op. cit.*
23. Dirzo, R., *et al.* (2014), «Defaunation in the Anthropocene», *Science*, vol. 345, n.º 6.195, pp. 401-406.
24. Presa, J. J., *et al.* (2017), *European Red List of Grasshoppers, Crickets and Bush-crickets*, Luxemburgo: IUCN, pp. 1-83. DOI:10.2779/60944.
25. Eldredge, N. (2001), *La vida en la cuerda floja. La humanidad y la crisis de la biodiversidad*, Barcelona: Tusquets.
26. Melero, Y.; C. Stefanescu y J. Pino (2016), «General declines in Mediterranean butterflies over the last two decades are modulated by species traits», *Biological Conservation*, vol. 201, pp. 336-342.
27. «Sonidos de los insectos: ¿cómo generan su canto?». Disponible en Internet en: <https://historiaybiografias.com/musica_insectos/> (con acceso en mayo de 2018).
28. García, M. D.; M. E. Clemente y J. J. Presa (2000), «Mundo animal. Coro de saltamontes», *Investigación y Ciencia*, n.º 290, pp. 41-42.
29. Montealegre Z. F., y G. K. Morris (1999), «Songs and systematics of some Tettigoniidae from Colombia and Ecuador I. Pseudophyllinae (Orthoptera)», *Journal of Orthoptera Research*, n.º 8, pp. 163-236.

30. Lampe, U.; K. Reinhold y T. Schmoll (2014), «How grasshoppers respond to road noise: developmental plasticity and population differentiation in acoustic signalling», *Functional Ecology*, vol. 28, n.º 3, pp. 660-668.
31. *Ibid.*
32. Mhatre, N.; F. Montealegre Z., R. Balakrishnan y D. Robert (2012), «Changing resonator geometry to boost sound power decouples size and song frequency in a small insect», *Proceedings of the National Academy of Sciences*, vol. 109, n.º 22, pp. 8.370-8.371.
33. Thomas, M. L., y L. W. Simmons (2011), «Short-term phenotypic plasticity in long-chain cuticular hydrocarbons», *Proceedings Royal Society London B*, vol. 278, n.º 1.721, pp. 3.123-3.128. DOI: 10.1098/rspb.2011.0159.
34. *Ibid.*
35. «Sonidos de los insectos: ¿cómo generan su canto?», *op. cit.*
36. Stucky, B. J. (2016), «Eavesdropping to Find Mates: The Function of Male Hearing for a Cicada-Hunting Parasitoid Fly, *Emblemasoma erro* (Diptera: Sarcophagidae)», *Journal of Insect Science*, vol. 16, n.º 1, p. 68.
37. Krebs, J., y N. Davies (1993), «Sexual conflict and sexual selection», en: *An Introduction to Behavioral Ecology*, Oxford: Blackwell.
38. *Ibid.*
39. Trivers, R. L. (1972), «Parental investment and sexual selection», en: B. Campbell (comp.), *Sexual selection and the descent of man, 1871-1971*, Chicago: Aldine, pp. 136-179.
40. Manoli, D. S., y B. S. Baker (2004), «Median bundle neurons coordinate behaviours during *Drosophila* male courtship», *Nature*, vol. 430, n.º 6.999, pp. 564-569. DOI:10.1038/nature02713.
41. *Ibid.*
42. *Ibid.*
43. Cordero Rivera, A. (2002), «Influencia de la selección sexual sobre el comportamiento reproductor de los odonatos», en: M. Soler (comp.), *Evolución. La base de la biología*, Granada: Proyecto Sur, pp. 497-507.
44. Roeder, K. D. (1935), «An experimental analysis of the sexual behaviour of the praying mantis (Mantis religiosa)», *Biological Bulletin*, vol. 69, n.º 2, pp. 203-220.
45. *Ibid.*
46. Ower, G. (2015), «La primera vez», *National Geographic*. Disponible en Internet en: <http://www.nationalgeographic.com.es/naturaleza/la-primera-vez_8983> (con acceso en noviembre de 2017).
47. Grusan, D. (2015), «Orden Mecóptera», *Boletín de la SEA*, n.º 60, pp. 1-10.
48. Weismann, E. (1994), *Los rituales amorosos*, Barcelona: Salvat.
49. Masó, A. (2002), «El ciclo vital de las mariposas», *Mundo Científico*, n.º 233, pp. 16-18.

50. *Ibid.*
51. *Ibid.*
52. *Ibid.*
53. Pérez de la Fuente, R.; X. Delclòs, E. Peñalver, M. Speranza, J. Wierzchos, C. Ascaso y M. S. Engeld (2012), «Early evolution and ecology of camouflage in insects», *Proceedings of the National Academy of Sciences*, vol. 109, n.º 52, pp. 21.414-21.419.
54. Thomas, J. (1995), «The ecology and conservation of *Maculinea arion* and other European species of large blue butterfly», en: A. S. Pullin, *Ecology and Conservation of Butterflies*, Dordrecht: Springer, pp. 180-197.
55. *Ibid.*
56. Forbes, P. (2011), «Maestros del disfraz», *Investigación y Ciencia*, n.º 418, pp. 66-69.
57. Masó, A. (2001), «Una hoja muy evolucionada», *Mundo Científico*, n.º 220, pp. 26-27.
58. Barber, J. R., y W. Conner (2007), «Acoustic mimicry in a predatory-prey interaction», *Proceedings of the National Academy of Sciences*, vol. 104, n.º 22, pp. 9.331-9.334.
59. Chapman, J. W.; R. L. Nesbit, L. E. Burgin, D. R. Reynolds, A. D. Smith, D. R. Middleton y J. K. Hill (2010), «Flight orientation behaviors promote optimal migration trajectories in high-flying insects», *Science*, vol. 327, n.º 5.966, pp. 682-685.
60. *Ibid.*
61. Oberhauser, K. S., y M. J. Solensky (2004), *The Monarch Butterfly: Biology and conservation*, Ithaca (Nueva York): Cornell University Press.
62. Solís Calderón, R. (2008), «De monarcas y otros reales acontecimientos», *Cuadernos de Biodiversidad*, n.º 26, pp. 7-13.
63. Hansell, M. (1989), «Los nidos de los insectos sociales», *Mundo Científico*, n.º 89, pp. 236-248.
64. *Ibid.*
65. *Ibid.*
66. *Ibid.*
67. Seeley, T. D. (1982), «Así se funda una colmena», *Investigación y Ciencia*, n.º 75, pp. 84-92.
68. *Ibid.*
69. Maeterlinck, M. (1981), *La vida de las abejas y de las hormigas*, Madrid: Edaf.
70. Tinaut, A. (2007), «Arquitectura animal. La ciudad de las hormigas», *Waterdrops. Diálogos de arquitectura y agua*, n.º 1, pp. 113-121.
71. *Ibid.*
72. Maeterlinck, M., *op. cit.*

73. Tinaut, A., *op. cit.*
74. *Ibid.*
75. Baumgardt, E. (2009), «Algunas ideas acerca de la orientación a distancia en los animales», *Elementos*, vol. 16, n.º 74, pp. 15-22.
76. Tinbergen, N. (1975), *Estudios de etología*, Madrid: Alianza.
77. Cheeseman, J. F.; C. D. Millar, U. Greggers, K. Lehmann, M. D. Pawley, C. R. Gallistel, G. R. Warman y R. Menzel (2014), «Way-finding in displaced clock-shifted bees proves bees use a cognitive map», *Proceedings of the National Academy of Sciences*, vol. 111, n.º 24, pp. 8.949-8.954.
78. Arita, H. T., *op. cit.*
79. Trivers, R. L., *op. cit.*
80. Wilson, E. O. (1988), *op. cit.*
81. Tallamy, D. W. (1999), «Cuidado de la prole entre los insectos», *Investigación y Ciencia*, n.º 270, pp. 52-57.
82. *Ibid.*
83. Caussanel, C. (1970), «Principales exigences écophysiologiques du forficule des sables *Labidura riparia* (Dermaptère. *Labiduridae*)», *Annales de la Société Entomologique de France*, vol. 6, n.º 3, pp. 589-612.
84. Tallamy, D. W., *op. cit.*
85. *Ibid.*
86. *Ibid.*
87. Wilson, E. O. (1963), «The social biology of ants», *Annual Review of Entomology*, vol. 8, n.º 1, pp. 345-368.
88. *Ibid.*
89. Wallis, D. I. (1962), «Aggressive behavior in the ant, *Formica fusca*», *Animal Behaviour*, vol. 10, n.º 3-4, pp. 267-274.
90. *Ibid.*
91. Butler, C. G., y J. B. Free (1952), «The behavior of the worker honey bees at the hive entrance», *Behaviour*, vol. 4, n.º 1, pp. 262-291.
92. Nouvian, M.; J. Reinhard y M. Giurfa (2016), «The defensive response of the honeybee *Apis mellifera*», *Journal of Experimental Biology*, vol. 219, n.º 22, pp. 3.505-3.517.
93. Brian, M. V. (1957), «Caste determination in social insects», *Annual Review of Entomology*, vol. 2, n.º 1, pp. 107-120.
94. Wilson, E. O. (1963), *op. cit.*
95. Lloyd, J. E. (1981), «Mimetismo en las señales sexuales de las luciérnagas», *Investigación y Ciencia*, n.º 60, pp. 59-68.
96. Arita, H. T., *op. cit.*
97. Lloyd, J. E., *op. cit.*
98. *Ibid.*
99. *Ibid.*

100. Lewis, S. M.; C. K. Cratsley y K. Demary (2004), «Mate recognition and choice in *Photinus* fireflies», *Annales Zoologici Fennici*, vol. 41, n.º 6, pp. 809-821.
101. Lloyd, J. E., *op. cit.*
102. Lewis, S. M.; C. K. Cratsley y K. Demary, *op. cit.*
103. Howard, J. (2015), *Sexo en la Tierra*, Barcelona: Blackie Books.
104. Lloyd, J. E., *op. cit.*
105. Salgari, E. (2005), *El Corsario Negro*, Tres Cantos: Akal.
106. Martín Piera, F., y J. L. López Colón (2000), *Coleoptera, Scarabaeoidea I*, en: M. A. Ramos *et al.* (eds.), *Fauna Ibérica*, vol. 14, Madrid: Museo Nacional de Ciencias Naturales y CSIC.
107. *Ibid.*
108. Heinrich, B., y G. A. Bartholomew (1979), «Roles of endothermy and size in inter- and intraspecific competition for elephant dung in an African dung beetle, *Scarabaeus laevistriatus*», *Physiological Zoology*, vol. 52, n.º 4, pp. 484-496.
109. Penttila, A., *et al.* (2013), «Quantifying beetle-mediated effects on gas fluxes from dug pats», *PlosOne*, vol. 8, n.º 8. DOI: doi.org/10.1371/journal.pone.0071454.
110. Gullan, P. J., y P. S. Cranston (1994), «Insects of soil, litter, carrion and dung», en: *The Insects: An outline of Entomology*, Londres: Chapman and Hall.
111. Katatura, H., y R. Ueno (1985), «A preliminary study on the faunal make-up and spatio-temporal distribution of carrion beteles (Coleoptera: Silphidae) on the Ishikari Coast, Northern Japan», *Japanese Journal Ecology*, vol. 35, n.º 4, pp. 461-468.
112. Halffter, G.; S. Anduaga y C. Huerta (1983), «Nidification des *Nicrophorus* (Coleoptera: Silphidae)», *Bulletin de la Société Entomologique de France*, n.º 88, pp. 648-666.
113. Breymeyer, A. (1974), «Analysis of a sheep pasture ecosystem in a Pieniny Mountains (The Carpathians). XI. The role of coprophagous beetles (Coleoptera, Scarabaeidae) in the utilization of sheep dung», *Ecologia Poska*, vol. 22, n.º 3-4, pp. 617-634.
114. Breymeyer, A.; H. Jabubczyk y E. Olechowicz (1975), «Influence of coprophagous arthropods on microganisms in sheep faeces. Laboratory investigations», *Bulletin de l'Academie Polonaise des Sciences*, vol. 23, n.º 4, pp. 257-262.
115. Gaudry, E. (2013), «Insectos necrófagos», *Investigación y Ciencia*, n.º 445, pp. 70-75.
116. Junta de Andalucía. Consejería de Medio Ambiente, «*Lymantria dispar*». Disponible en Internet en: <www.juntadeandalucia.es/medioambiente/

portal_web/web/temas_ambientales/montes/plagas/fichas_plagas_enfer medades/lymantria_dispar.pdf> (con acceso en mayo de 2018).

117. *Ibid.*
118. Ortuño, V. (2015), «Los Artrópodos en el contexto del bosque como refugio climático», en: A. Herrero y M. A. Zavala (comps.), *Los bosques y la biodiversidad frente al cambio climático: Impactos, vulnerabilidad y adaptación en España*, Madrid: Ministerio de Agricultura, Alimentación y Medio Ambiente, pp. 171-184. Disponible en Internet en: <http://www.mapama.gob.es/es/cambio-climatico/temas/impactos-vulnerabilidad-y-adaptacion/cap11-losartropodosenelcontextodelbosquecomorefugioclimatico_tcm30-70213.pdf> (con acceso en noviembre de 2017).
119. Junta de Andalucía. Consejería de Medio Ambiente, *op. cit.*
120. Ortuño, V., *op. cit.*
121. Chararas, C. (1962), *Scolytides de Conifères*, París: Paul Lechevalier.
122. *Ibid.*
123. *Ibid.*
124. *Ibid.*
125. Dajoz, R. (2001), *Entomología forestal. Los insectos y el bosque*, Madrid: Mundi-Prensa.
126. Junta de Andalucía. Consejería de Medio Ambiente, *op. cit.*
127. Sjöberg, F. (2015), *La trampa para moscas*, Barcelona: Pabst and Pesch.
128. Micó, E.; J. Quinto y M. A. Marcos García (2013), «La vida en la madera: el concepto *saproxílico* y sus microhábitats. Grupos de estudio y niveles tróficos», en: E. Micó, M. A. Marcos García y E. Galante (comps.), *Los insectos saproxílicos del Parque Nacional de Cabañeros*, Madrid: Organismo Autónomo de Parques Nacionales, Ministerio de Agricultura, Alimentación y Medio Ambiente, pp. 33-53.
129. Disponible en Internet en: <https://www.wsl.ch/totholz/index_DE> (con acceso en enero de 2017).
130. Wohlleben, P. (2016), *La vida secreta de los árboles*, Rubí: Obelisco.
131. Möller, G. (2006), *Großhöhlenals Zentren der Biodiversität.*
132. Wohlleben, P., *op. cit.*
133. Pagola, S. (2016), *Insectos saproxílicos y conservación de la biodiversidad en los bosques*, Vitoria: Diputación Foral de Álava, p. 37.
134. Méndez, M. (2012), «*Lucanus cervus*», en: *Bases ecológicas preliminares para la conservación de las especies de interés comunitario en España: Invertebrados*, Madrid: Ministerio de Agricultura, Alimentación y Medio Ambiente.
135. Speight, M. C. D. (1989), *Saproxylic invertebrates and their conservation*, Nature and Environment Series 46, Estrasburgo: Consejo de Europa.
136. Proyecto Apolo (2013), *Polinizadores y biodiversidad*, Asociación Espa-

ñola de Entomología, Jardín Botánico y Centro Iberoamericano de la Biodiversidad. Disponible en Internet en: <http://apolo.entomologica.es/cont/materiales/informe_tecnico.pdf> (con acceso en junio de 2018).

137. Mattson, W. J. (1980) «Herbivory in Relation to Plant Nitrogen Content», *Annual Review of Ecology and Systematics*, vol. 11, pp. 119-161.
138. Viejo Montesinos, J. L., y C. Ornosa Gallego (1997), «Los insectos polinizadores: una aproximación antropocéntrica», *Boletín de la SEA*, n.º 20, pp. 71-74.
139. Proyecto Apolo, *op. cit.*
140. Viejo Montesinos, J. L., y C. Ornosa Gallego, *op. cit.*
141. Batra, S. W. (1984), «Abejas solitarias», *Investigación y Ciencia*, n.º 91, pp. 78-86.
142. Proyecto Apolo, *op. cit.*
143. Batra, S. W., *op. cit.*
144. Proyecto Apolo, *op. cit.*
145. *Ibid.*
146. Viejo Montesinos, J. L., y C. Ornosa Gallego, *op. cit.*
147. Batra, S. W., *op. cit.*
148. Slater, P. J. B. (2000), *El comportamiento animal*, Madrid: Cambridge University Press.
149. Proyecto Apolo, *op. cit.*
150. *Ibid.*
151. *Ibid.*
152. Viejo Montesinos, J. L., y C. Ornosa Gallego, *op. cit.*
153. Crane, P. R.; E. M. Friis y K. R. Pedersen (1995), «The origin and early diversification of angiosperms», *Nature*, vol. 374, n.º 6.517, pp. 27-33.
154. Masó, A. (2003), «La seda que llegó de Oriente», *Mundo Científico*, 247, pp. 22-24.
155. Metcalf, C. L.; R. L. Metcalf y W. P. Flint (1965), *Insectos destructivos e insectos útiles. Sus costumbres y su control*, México: Compañía Editorial Continental.
156. De la Nuez, D., «¿Cómo las abejas producen la miel?». Disponible en Internet en: <www.vix.com/es/btg/curiosidades/6788/como-las-abejas-producen-la-miel> (con acceso en mayo de 2018).
157. *Ibid.*
158. Metcalf, C. L.; R. L. Metcalf y W. P. Flint, *op. cit.*
159. *Ibid.*
160. Henkel, J. (2007), «Sugar substitutes: Americans Opt for Sweetness an Lite», *FDA Consumer magazine*, vol. 33, n.º 6, pp. 12-26.
161. Coronado Flores, V., *et al.* (2015), «Productividad de cochinilla *Dactylopius coccus* (Hemiptera: Dactylopiidae) en cladios de *Opuntia ficus-indica*

(Cactacea) con diferentes tratamientos de fertilización», *Acta Zoológica Mexicana*, vol. 31, n.º 2, pp. 183-189.
162. *Ibid.*
163. Sánchez-Ruiz, M.; F. M. Fontal-Cazalla, A. Sánchez-Ruiz y J. I. López-Colón (1997), «El uso de insectos depredadores en el control biológico aplicado», *Boletín de la SEA*, n.º 20, pp. 141-149.
164. Norambuena, H.; R. Carrillo y M. Neira (1986), «Introducción, establecimiento y potencial de *Apion ulicis* como antagonista de *Ulex europaeus* en el sur de Chile», *Entomophaga*, vol. 31, n.º 1, pp. 3-10.
165. Sánchez-Ruiz, M.; F. M. Fontal-Cazalla, A. Sánchez-Ruiz y J. I. López-Colón, *op. cit.*
166. Petitpierre, E. (1997), «*Drosophila* y otros insectos en la investigación genética», *Boletín de la SEA*, n.º 20, pp. 401-403.
167. García Álvarez, A., y A. Bello (2004), «Diversidad de los organismos del suelo y transformaciones de la materia orgánica», *I Conferencia Internacional Eco-biología del Suelo y Compost*, León.
168. Socarrás, A. (2013), «Mesofauna edáfica: indicador biológico de la calidad del suelo», *Pastos y Forrajes*, vol. 36, n.º 1, pp. 5-13.
169. Biografías y Vidas, *Jonas Salk*. Disponible en Internet en: <www.biografiasyvidas.com/biografia/s/salk.htm> (con acceso en septiembre de 2017).
170. Branstetter, M., *et al.* (2018), «Dry habitats were crucibles of domestication in the evolution of agricultura in ants», *Proceedings of the Royal Society B*, vol. 284, n.º 1.852.
171. Margulis, L. (2004), «Simbiosis y termitas», *Mètode*. Disponible en Internet en: <https://metode.es/revistas-metode/document-revistes/homenatge-a-lynn-margulis-document-document-revistes/simbiosis-y-termitas.html> (con acceso en junio de 2018).
172. *Ibid.*
173. Hölldobler, B., y E. O. Wilson (2014), *El superorganismo: belleza y elegancia de las asombrosas sociedades de insectos*, Madrid: Katz.
174. *Ibid.*
175. Alba-Tercedor, J. (1994), «El entomólogo y los problemas de degradación de los sistemas acuáticos», en: R. Jiménez-Peydró y Á. Marcos García, *Environmental Management and Arthropod Conservation*, Valencia: Asociación Española de Entomología, pp. 131-138.
176. Alba-Tercedor, J. (1996), «Macroinvertebrados acuáticos y calidad de las aguas de los ríos», *IV Simposio del Agua en Andalucía (SIAGA)*, Almería, vol. II, pp. 203-213.
177. *Ibid.*
178. Alba-Tercedor, J. (1994), *op. cit.*

179. González, M., y F. Cobo (2006), *Macroinvertebrados de las aguas dulces de Galicia*, Coruña: Hércules.
180. *Ibid.*
181. *Ibid.*
182. Stefanescu, C.; J. Peñuelas e I. Filella (2003), «Effects of climatic change of the phenology of butterflies in the northwest Mediterranean Basin», *Global Change Biology*, vol. 9, n.º 10, pp. 1.494-1.506.
183. Parmesan, C., y G. Yohe (2003), «A globally coherent fingerprint of climate change impacts across natural systems», *Nature*, vol. 421, n.º 6.918, pp. 37-42.
184. *Ibid.*
185. Root, T. L.; J. T. Price, K. R. Hall, S. H. Schneider, C. Rosenzweig y J. A. Pounds (2003), «Fingerprints of global warming on wild animals and plants», *Nature*, vol. 421, n.º 6.918, pp. 57-60.
186. Roy, D. B., y T. H. Sparks (2000), «Phenology of British butterflies and climate change», *Global Change Biology*, vol. 6, n.º 4, pp. 407-416.
187. Stefanescu, C.; J. Peñuelas e I. Filella, *op. cit.*
188. Singer, M. C., y C. D. Thomas (1996), «Evolutionary responses of a butterfly metapopulation o human and climate-caused environmental variation», *The American Naturalist*, n.º 148, pp. S9-S39.
189. Viejo Montesinos, J. L. (2007), «Cambio climático y fauna», *Boletín de la Institución Libre de Enseñanza*, n.º 66-67, pp. 115-130.
190. Zeuss, D.; R. Brandl, M. Brändle, C. Rahbek y S. Brunzel (2014), «Global warming favours light-coloured insects in Europe», *Nature Communications*, n.º 5, n.º art. 3.874. DOI: 10.1038/ncomms4874.
191. Coulson, S. J.; I. D. Hodkinson, N. R. Webb, K. Mikkola, J. A. Harrison y D. E. Pedgley (2002), «Aerial colonization of high Arctic islands by invertebrates: the diamond back moth *Plutella xylostella* (Lepidoptera: Yponomeutidae) as a potential indicator species», *Diversity and Distributions*, vol. 8, n.º 6, pp. 327-334. DOI: 10.1046/j.1472-4642.2002.00157.x.
192. Wilson, R. J.; D. Gutiérrez, J. Gutiérrez, D. Martínez, R. Agudo y V. J. Montserrat (2005), «Changes to the elevational limits and extent of species ranges associated with climate change», *Ecology Letters*, vol. 8, n.º 11, pp. 1.138-1.146.
193. Wilson, R. J.; D. Gutiérrez, J. Gutiérrez y V. J. Monserrat (2007), «An elevational shift in butterfly species richness and composition accompanying recent climate change», *Global Change Biology*, vol. 13, n.º 9, pp. 1.873-1.887.
194. Coulson, S. J.; I. D. Hodkinson, N. R. Webb, K. Mikkola, J. A. Harrison y D. E. Pedgley, *op. cit.*
195. Rada, J. (2013), «Las especies invasoras que amenazan el ecosistema espa-

ñol», *20 Minutos*. Disponible en Internet en: <https://www.20minutos.es/noticia/1988840/0/especies-invasoras/amenaza/biodiversidad/> (con acceso en enero de 2018).
196. OMS (2017), «Enfermedades transmitidas por vectores». Disponible en Internet en: <http://www.who.int/mediacentre/factsheets/fs387/es/> (con acceso en septiembre de 2017).
197. Holt, V. M. (1988), *Why not eat insects?* (facsímil de 1885, con introducción de L. Mound), Londres: British Museum (Natural History) y E. W. Classey Ltd.
198. Pijoan, M. (2001), «El consumo de insectos, entre la necesidad y el placer gastronómico», *Offarm: Farmacia y Sociedad*, vol. 20, n.º 9, pp. 150-161.
199. Medeiros Costa-Neto, E. (2002), «Entomofagia: Insectos en la alimentación humana», en: *Manual de Etnoentomología*, vol. 4, Zaragoza: Sociedad Entomológica Aragonesa, pp. 42-54.
200. Palomo, M. Á. (2015), «Hay un bicho en mi plato, quiero más: llega la insectomanía», *El Mundo*. Disponible en Internet en: <http://www.elmundo.es/papel/gastro/2015/11/26/5655af9e46163f2d4a8b4640.html> (con acceso en noviembre de 2017).
201. Van Huis, A.; J. van Itterbeeck, H. Klunder, E. Mertens, A. Halloran, G. Muir y P. Vantomme (2013), *Edible insects: future prospects for food and feed security*, Roma: FAO.
202. Pijoan, M., *op. cit.*
203. Holt, V. M., *op. cit.*
204. Harris, M. (2012), *Bueno para comer. Enigmas de la alimentación y cultura*, Madrid: Alianza.
205. *Ibid.*
206. Miller, C. A. (1997), «Determinants of the use of insects as human food within the Great Basin», *The Food Insects Newsletter*, vol. 10, n.º 1, pp. 1-4.
207. Pijoan, M., *op. cit.*
208. Miller, C. A., *op. cit.*
209. Stewart, M. A. (1934), «The rôle of *Lucilia sericata* Meig. larvae in osteomyelitis wounds», *Annals of Tropical Medicine & Parasitology*, vol. 28, n.º 4, pp. 445-460. DOI: doi.org/10.1080/00034983.1934.11684816.
210. Horn, D. J. (1976), *Biology of insects*, Filadelfia: W. B. Saunders Co., pp. 401-402.
211. Pieck, T. (1986), *Venoms of the Hymenoptera*, Cambridge (Massachusetts): Academic Press, pp. 492-509.
212. Shen, L.; D. Li, F. Feng e Y. Ren (2006), «Nutritional composition of *Polyrhachis vicina* Roger (Edible Chinese black ant)», *Songklanakarin Journal of Science and Technology*, vol. 28, supl. 1, pp. 107-114.

213. Tostado, F. J. (2015), «Breve historia de los materiales de sutura en cirugía». Disponible en Internet en: <https://franciscojaviertostado.com/2015/08/28/breve-historia-de-los-materiales-de-sutura-en-cirugia/> (con acceso en enero de 2018).
214. Klein, S. (1997), «Cantharis». Disponible en Internet en: <www.acfah.org/privado/apuntes/2-cantharis.pdf> (con acceso en mayo de 2018).
215. Van Huis, A.; J. van Itterbeeck, H. Klunder, E. Mertens, A. Halloran, G. Muir y P. Vantomme, *op. cit.*
216. Cupul-Magaña, F. G. (2010), «Sobre el uso de *Ulomoides dermestoides* (Chevrolat, 1878), (Coleoptera, Tenebrionidae, Diaperini) en la coleopteroterapia: informe de un caso en Ixtapa, Jalisco, México», *Boletín de la Asociación Española de Entomología*, vol. 34, n.º 3-4, pp. 419-422.
217. Nieves-Aldrey, J. L. (2015), «Agallas de las plantas. ¿Qué son y que las produce?». Disponible en Internet en: <http://www.adelantosdigital.com/web/agallas-de-las-plantas-que-son-y-quien-las-produce/> (con acceso en mayo de 2018).
218. González, J. A., y J. R. Vallejo (2013), «Los insectos en la historia de la oftalmología española: remedios tradicionales basados en el uso de la mosca», *Archivos de la Sociedad Española de Oftalmología*, vol. 88, n.º 5, pp. 30-32.
219. Benyus, J. M. (2012), *Biomímesis*, Barcelona: Tusquets.
220. *Ibid.*
221. Salleh, A. (2006), «Green leaves inspire solar cells», *ABC Science*.
222. (2014), «Termes de la Universidad de Harvard: termitas, arquitectura e inteligencia colectiva». Disponible en Internet en: <https://www.experimenta.es/noticias/industrial/termes-de-la-universidad-de-harvard-termitas-arquitectura-e-inteligencia-colecti/> (con acceso en mayo de 2017).
223. Martín, A. (2016), «Consiguen LEDs mucho más brillantes basándose en las luciérnagas», *El Español*. Disponible en Internet en: <omicrono.elespanol.com/2016/04/leds-basados-en-luciernagas> (con acceso en mayo de 2018).
224. Piacente, P. J. (2011), «Un sistema que imita al escarabajo recolecta agua de niebla y de rocío», *Tendencias 21*. Disponible en Internet en: <https://www.tendencias21.net/Un-sistema-que-imita-al-escarabajo-recolecta-agua-de-niebla-y-de-rocio_a6377.html> (con acceso en octubre de 2017).
225. (2017), «Las alas de los insectos inspiran aeorgeneradores un 35 % más eficientes», *Energías Renovables*. Disponible en Internet en: <https://www.energias-renovables.com/eolica/las-alas-de-los-insectos-inspiran-aeorgeneradores-20170223> (con acceso en octubre de 2017).
226. Barrera-Escorcia, H.; M. P. Villeda-Callejas, J. A. Lara-Vázquez (2006),

«El vuelo de las libélulas y su utilización en la tecnología», *Revista Chapingo. Serie Ciencias Forestales y del Ambiente*, vol. 12, n.º 1, pp. 31-37.

227. (2017), «Las alas de los insectos inspiran aeorgeneradores un 35 % más eficientes», *op. cit.*
228. Barrera-Escorcia, H.; M. P. Villeda-Callejas y J. A. Lara-Vázquez, *op. cit.*
229. Siddique, R. H., *et al.* (2017), «Bioinspired phase-separated disordered nanostructures for thin photovoltaic absorbers», *Science Advances*, vol. 3, n.º 10. DOI: 10.1126/sciadv.1700232.
230. Bonabeau, E., y G. Theraulaz (2000), «Enjambres inteligentes», *Investigación y Ciencia*, n.º 284, pp. 16-23.
231. Barrientos, J. A. (1997), «¿De perseguidos a protegidos? Claroscuros de la vida de los artrópodos sobre la faz de la Tierra», *Boletín de la SEA*, n.º 20, pp. 65-68.
232. *Ibid.*

Su opinión es importante.
En futuras ediciones, estaremos encantados
de recoger sus comentarios sobre este libro.

Por favor, háganoslos llegar a través de nuestra web:

www.plataformaeditorial.com

Para adquirir nuestros títulos,
consulte con su librero habitual.

«No lamentarse. No hacer valer
lo que somos, ni lo que hacemos.
Y, al dar, considerar que hemos recibido.»*
ALBERT CAMUS

«*I cannot live without books.*»
«No puedo vivir sin libros.»
THOMAS JEFFERSON

Plataforma Editorial planta un árbol
por cada título publicado.

* Frase extraída de *Breviario de la dignidad humana* (Plataforma Editorial, 2013).